BIBLIOTHÈQUE SCIENTIFIQUE CONTEMPORAINE

LES PYRÉNÉES

LES MONTAGNES, LES GLACIERS, LES EAUX MINÉRALES

LES PHÉNOMÈNES DE L'ATMOSPHÈRE, LA FLORE, LA FAUNE, ET L'HOMME

LIBRAIRIE J.-B. BAILLIÈRE et FILS

BLEICHER (M.-G.). — **Les Vosges.** le sol et les habitants, 1889, 1 vol. in-16 de 326 pages, avec 28 figures (*Bibliothèque scientifique contemporaine*). . . . . 3 fr. 50

BREHM (A.-E.). — **Les merveilles de la nature.** 14 vol. gr. in-8, avec 6000 fig. et 200 pl. . . . . 168 fr.
Les races humaines, 1 vol. — *Les Mammifères*, 2 vol. — *Les Oiseaux*, 2 vol. — *Les Reptiles et les Batraciens*, 1 vol. — *Les Poissons et les Crustacés*, 1 vol. — *Les Insectes, les Arachnides, les Myriapodes*, 2 vol. — *Les Vers, Mollusques, Zoophytes*, 1 vol. — *La Terre*, 1 vol. — *Le Monde avant l'apparition de l'homme*, 1 vol. — *Le monde des plantes*, 2 vol. — Chaque vol. br. 12 fr. — Relié 17 fr.

DEGLAND et GERBE (Z.). — **Ornithologie européenne.** ou Catalogue des Oiseaux observés en Europe, 1867, 2 vol. in-8. 24 fr.

FALSAN (Albert). — **Les Alpes françaises,** les montagnes, les eaux, les glaciers, les phénomènes de l'atmosphère, 1 vol. in-16, de 290 p., avec fig. . . . . 3 fr. 50

— **Les Alpes françaises,** la flore, la faune, le rôle de l'homme dans les Alpes, 1893, 1 vol. in-16, de 356 p., avec fig. . . . 3 fr. 50

GIRARD (Maurice). — **Les Abeilles,** organes et fonctions, éducation et produits, miel et cire, 1890, in-16, avec 86 fig. (*Bibliothèque scientifique contemporaine*). . . . . 3 fr. 50

GIROD. — **Les sociétés chez les animaux,** 1890, in-16, avec 53 figures (*Bibliothèque scientifique contemporaine*) . . . . 3 fr. 50

HAMONVILLE (D.) — **La Vie des Oiseaux,** scènes d'après nature, 1890, in-16 avec 18 pl. (*Bibliothèque scientifique contemporaine*). . . . . 3 fr. 50

MARTINS. — **Du Spitzberg au Sahara.** Étapes d'un naturaliste au Spitzberg, en Laponie, en Écosse, en Suisse, en France, en Italie, en Orient, en Égypte et en Algérie, 1886, in-8. 10 fr.

TROUESSART. — **Au bord de la mer,** les dunes et les falaises, les animaux et les plantes des côtes de France, 1892, in-16, 344 p., avec 100 fig. . . . . 3 fr. 50

— **La géographie zoologique** 1890, in-16, 63 figures et 2 cartes (*Bibliothèque scientifique contemporaine*). . . . . . . 3 fr. 50

TRUTAT. — **Essai sur l'histoire naturelle des Desman des Pyrénées,** 1891, grand in-8, avec 15 planches. . . . 8 fr.

VERLOT B. — **Le guide du botaniste herborisant.** Conseils sur la récolte des plantes, la préparation des herbiers, l'exploration des stations de plantes et les herborisations aux environs de Paris, dans les Ardennes, la Bourgogne, la Provence, le Languedoc, les Pyrénées, les Alpes, l'Auvergne, les Vosges, etc. 1886, 1 vol. in-18 de XV-740 p., avec fig., cartonné. . . . . . 6 fr.

LES
PYRÉNÉES

LES MONTAGNES, LES GLACIERS, LES EAUX MINÉRALES

LES PHÉNOMÈNES DE L'ATMOSPHÈRE

LA FLORE, LA FAUNE ET L'HOMME

PAR

EUGÈNE TRUTAT

DOCTEUR ÈS SCIENCES

DIRECTEUR DU MUSÉE D'HISTOIRE NATURELLE DE TOULOUSE

AVEC ILLUSTRATIONS

De MM. de CALMELS, DOSSO, SADOUX, etc.

Et deux cartes

PARIS

LIBRAIRIE J.-B. BAILLIÈRE ET FILS

RUE HAUTEFEUILLE, 19, PRÈS DU BOULEVARD SAINT-GERMAIN

1894

PRÉFACE

———

Les Pyrénées, au milieu desquelles j'ai passé ma vie, que j'ai explorées sans pouvoir me lasser et sans pouvoir épuiser les riches matériaux qu'elles donneront longtemps encore au naturaliste, sont depuis longtemps le sujet favori de mes études. Nos montagnes ont été, de ma part, l'objet de communications nombreuses aux Sociétés savantes, et je leur ai consacré plusieurs conférences. Des auditeurs bienveillants m'ont, depuis, encouragé à présenter, sous une forme concise, les renseignements essentiels sur l'*orographie* de la *chaîne*, la *géologie*, la *flore*, la *faune* et les *habitants* de cette région. Voilà l'origine de ce livre.

En voici le plan.

La *chaîne* des Pyrénées, distincte par la forme de son relief, est l'objet d'une description spéciale dans un premier chapitre où je m'occupe surtout du versant nord, le plus intéressant pour tous ceux qui visitent, soit nos

stations thermales, soit nos stations d'hiver du midi de
la France ; je traite cependant d'une façon suffisante des
points intéressants du versant espagnol. On trouvera
dans ce chapitre la caractéristique des Pyrénées *méditer-*
ranéennes, des Pyrénées *centrales* et des Pyrénées *occi-*
dentales. Dans ces descriptions j'ai utilisé, outre mes
observations personnelles, les travaux de MM. Elisée
Reclus, Franz Schrader, Levasseur, Vallon, de Saint-
Saux, Gourdon, etc.

La *constitution géologique* des Pyrénées est le sujet
du second chapitre. Les gisements métalliques, les marbres, les minéraux, les eaux minérales en forment les
subdivisions.

Les *marbres* de la Haute-Garonne, de l'Ariège et des
Hautes-Pyrénées, grâce à un accès plus facile des carrières, fournissent chaque année des matériaux plus considérables à la statuaire, à l'industrie et à l'ornementation
de nos villes. Le classement et la description des marbres
m'ont été facilités par les travaux de M. Frossard, président honoraire de la Société Ramond.

Les *eaux minérales,* si abondantes aux Pyrénées, reçoivent chaque année de nombreux visiteurs ; ils trouve-
ront ici les renseignements désirables sur nos stations
thermales. Je les dois à mon ami, le docteur Garrigou,

professeur d'hydrologie à la Faculté de médecine de
Toulouse.

Je passe ensuite à l'étude du monde organique, et tout
d'abord la *flore* et la *faune*.

Ici comme dans les Alpes, à mesure qu'on s'élève, on
rencontre des végétations d'aspect bien différent, subis-
sant, suivant l'altitude, des modifications. La flore pyrénéenne présente cependant des caractères particuliers à
côté de caractères communs avec la flore des Alpes (1).
J'ai cherché à mettre en relief les analogies et les différences de la flore et de la faune de ces deux chaînes.

L'*homme*, ses *races* et son *langage* forment le dernier
chapitre de mon livre. Ne pouvant pas décrire le Pyrénéen comme un type anthropologique, je prends
quelques types les mieux caractérisés.

Tel est le livre dans son ensemble.

Outre mes observations personnelles, j'ai puisé dans
les travaux de MM Leymerie, Magnan, Garrigou,
Jacquot, A. Michel Levy, Gourdon, Seunes, Caralp,
de Margerie, Lacroix, pour la géologie et la minéralogie ; de MM. d'Aubuisson et Marquet, nos collègues

(1) A. Falsan, *les Alpes françaises, la flore, la faune, le rôle de
l'homme dans les Alpes.* Paris, 1893 (Bibliothèque scientifique contemporaine).

de la Société d'histoire naturelle de Toulouse, pour la zoologie, et en particulier pour les insectes ; de MM. Gaston Bonnier et Connère pour la botanique.

La partie artistique a été l'objet de soins particuliers.

M. de Calmels a bien voulu dessiner pour moi, d'après nature, nombre de vues pittoresques de nos monts, de nos vallées, de nos stations thermales. D'autres illustrations ont été libéralement mises à notre disposition : les unes, exécutées avec le concours de M. Franz Schrader, ont paru dans l'*Annuaire du Club alpin français*, et m'ont été confiées par M. Charles Durier, notre zélé vice président ; quelques-unes enfin, œuvre de M. Eugène Sadoux, sont dues à l'obligeance de M. Oudin, l'éditeur des *Pyrénées françaises* de M. Paul Perret. Des cartes, des figures caractéristiques de la flore et de la faune complètent l'iconographie de ce volume.

EUGÈNE TRUTAT.

Toulouse, 3 août 1893.

LES PYRÉNÉES

CHAPITRE I

OROGRAPHIE

I. — Conformation générale de la chaîne.

On donne le nom de Pyrénées à la chaîne de mon‑
tagnes qui s'étend de l'Océan à la Méditerranée et qui
sert de limite nord à la péninsule Ibérique. Elles for‑
ment entre la plaine de la Garonne, au nord, et la plaine
de l'Èbre, au sud, une énorme masse de hautes mon‑

tagnes dont la largeur varie entre 100 et 150 kilomètres, et dont la longueur totale mesurée de la pointe de Figuera, au-dessous du fort de Fontarabie, à l'embouchure de la Bidassoa, jusqu'au cap Creus (sur la Méditerranée), est de 435 kilomètres, mesurée à vol d'oiseau, et de 670 kil. en tenant compte de toutes les inflexions de la crête.

Cette masse montagneuse n'a pas partout la même épaisseur, mais les variations entre la ligne de faite et les plaines inférieures tendent toutes à montrer que la masse montagneuses est plus considérable au sud qu'au nord. « Ainsi, par le travers de Lourdes, la crête n'est éloignée que de 35 kil. environ des plaines françaises, tandis que les hauteurs se prolongent de 70 kil. en Espagne. Au sud de Saint-Girons, sur le point où le versant français est le plus développé, grâce au dédoublement qui entoure le val d'Aran, il y a un peu moins de 50 kil. de montagnes au nord de la crête, contre plus de 80 kil. au sud. Mais immédiatement à l'est d'Aran, le versant nord se réduit à 40 kil., tandis que la pente opposée prend une largeur de 100 kil. environ. Dans l'ensemble, le versant méridional parait recouvrir une étendue double de celle du versant septentrional (1). »

Envisagée dans son ensemble, la région pyrénéenne est « par la forme de son relief une région distincte, devant être décrite spécialement. Considérée dans ses traits généraux, l'Espagne est un grand plateau dont les Pyrénées forment le bord septentrional et dont les contours géologiques sont tracés par la Garonne et ses affluents.

(1) F. Schrader, *Ann. du C. A. F.*, 1855, p. 447.

« Cette profonde dépression, qui limite la base septentrionale de la montagne, des étangs de Narbonne à l'es
tuaire de la Gironde, est un des traits naturels qui marquent le mieux une ligne de séparation entre deux contrées d'origine et de nature différentes. Jusqu'au milieu
des âges tertiaires, un détroit unissait par cette dépression
la Méditerranée à l'Océan ; là se trouvait un seuil mitoyen
des deux mers, pareil à celui qui s'est ouvert, entre
l'Afrique et l'Espagne, à la porte de Gibraltar. L'émer-
sion graduelle du sol a fait écouler en deux courants
opposés la mer étroite qui baignait le pied des Pyrénées
françaises, mais une ligne presque continue d'eaux
courantes, formée par la Garonne et des affluents inter-
médiaires, serpente dans l'ancienne vallée marine, et
depuis bientôt deux siècles les grands travaux de l'industrie moderne ont pu être inaugurés en France par le creu-
sement du canal navigable qui emprunte ces eaux pour
unir les deux mers. On peut dire que le tronc du
continent d'Europe finit à cette dépression du canal du
Midi. Les Pyrénées, qui dressent au sud leurs hautes
murailles découpées, font déjà partie d'un monde intermédiaire entre l'Europe et l'Afrique (1). »

Tracé de la frontière. — La chaîne des Pyrénées constitue une barrière naturelle entre la France et l'Espagne ; aussi a-t-elle servi à déterminer les limites politiques entre les deux pays : la frontière étant établie d'après
le partage des eaux ou la ligne de faîte qui sépare les deux
versants.

(1) Elisée Reclus, *Géographie universelle*, t. II, la France, p. 55.

Malgré toutes les conventions intervenues depuis 1659, la frontière acceptée de part et d'autre est loin de répondre aux indications générales des traités primordiaux qui voulaient établir une frontière naturelle. Bien des points ont été délimités d'une manière absolument arbitraire et forment de part et d'autre des anomalies singulières : la Cerdagne devrait être Espagnole dans son entier, la vallée d'Aran est Française, pour ne parler que des deux points les plus saillants.

Cette question a été traitée déjà plusieurs fois : par M. Cénac Moncault (1) tout d'abord, et dans ces derniers temps (1886) par M. José Alvarez y Nunez, inspecteur général des ponts et chaussées espagnols ; tous deux sont d'accord pour demander qu'il soit mis fin à ces irrégularités, et ils ne diffèrent que sur quelques détails.

Les départements français qui forment la frontière sont ceux des Basses-Pyrénées, des Hautes-Pyrénées, de la Haute-Garonne, de l'Ariège et des Pyrénées-Orientales. Le département de l'Aude n'arrive pas jusqu'à la frontière, mais son extrémité sud est comprise dans la chaîne des Pyrénées.

Les provinces espagnoles attenantes aux Pyrénées ont la Biscaye, la Haute-Navarre, l'Aragon et la Catalogne.

Nous nous occuperons surtout du versant nord, du côté français, le mieux étudié jusqu'à présent, celui qui est le plus intéressant à connaître pour nous.

Vue d'ensemble. — Les Pyrénées se découvrent de fort

(1) Cénac Moncault, *Voyage arch. et hist dans les Pyrénées.*

loin, de quelque côté qu'on les aborde. L'un des points les plus favorables pour bien jouir de la vue de cette belle chaîne, et sur la majeure partie de sa longueur, est Toulouse et ses environs, surtout du haut du coteau de Pech-David (fig. 1). Là, on se trouve presque en face du milieu de la chaîne, assez loin d'elle pour embrasser un vaste horizon, et néanmoins encore assez rapproché pour pouvoir bien en distinguer les principaux détails. Là les Pyrénées se présentent à la vue sur une longueur de plus de cinquantes lieues, depuis le Canigou dans les Pyrénées-Orientales jusqu'aux sommets qui dominent la vallée d'Ossau, dans les Basses-Pyrénées, en offrant un

Fig. 1. — Profil des Pyrénées vues de Toulouse.

tableau aussi ravissant que majestueux, et qui occupe tout l'horizon au sud. Son faîte est découpé par des sommets plus ou moins aigus, et par des dépressions plus ou moins profondes et plus ou moins évasées.

« L'aspect de ces montagnes n'est pas toujours le même, il varie beaucoup selon l'état de l'atmosphère, l'heure du jour et la saison. Il y a chaque année très peu de jours où la pureté de l'air soit assez parfaite pour que l'on puisse apercevoir à la fois toutes celles de leurs sommités qui sont visibles des environs de Toulouse. La partie orientale et le centre des Pyrénées sont le plus souvent à découvert; il est plus rare de bien voir la partie occidentale, qui est ordinairement obscurcie et même tout enveloppée de vapeurs. C'est au commencement du printemps et à la fin de l'automne que ce beau spectacle est le plus clair et le plus complet, surtout le matin et le soir, un ou deux jours avant que le vent du sud (*vent d'autan*) s'élève, et même pendant quelques jours après, avant que les vapeurs se soient accumulées (1). »

Les Pyrénées, comme l'a fait remarquer Élisée Reclus, limitent nettement cette région méridionale de la France qui s'étend de Bordeaux à Narbonne, et qui est remarquable entre toutes par la douceur du climat, la fécondité du sol, et la richesse des productions. Les Pyrénées sont intimement unies à ces contrées, car elles « les alimentent de leurs eaux et de leurs débris, transformés en terre labourable, et s'élèvent comme un rempart continu d'une mer à l'autre mer; de tous les plateaux ravinés, de toutes les plaines qui s'étendent au nord vers la vallée de la Garonne, on voit leurs cimes bleues taillader en dents de scie l'horizon du midi. Partout on a cet admirable tableau que forment la plaine joyeuse, les coteaux et la tranquille assemblée des monts (2). »

Cette barrière dentelée varie dans son profil et s'élève progressivement de l'Océan jusqu'au centre de la chaine pour décroître régulièrement jusqu'à la Méditerranée. Du pic de la Rhûne (900) qui domine Saint-Jean-de-Luz au pic de Néthou (3,404), sommet culminant de la chaine, les sommets s'élèvent graduellement: Orhy (2,016), Anie (2,504), Ossau (2,885) Balaïtous (3,176), Vignemale (3,368), Mont-Perdu (3,351), Posets (3,367). A l'est du groupe de la Maladetta, au sud de la vallée d'Aran, les sommets se

(1) De Charpentier, *Essai sur la const. géogn. des Pyrénées*, p. 7.
(2) Elisée Reclus, *Géogr. univ.*, t. II, la France, p. 56.

appartient le rôle principal dans l'architecture de la chaîne.

Il est maintenant aisé de comprendre pourquoi la plupart des grands sommets des Pyrénées ne sont pas situés sur la ligne de faîte. C'est que cette ligne de faîte n'a qu'une valeur toute secondaire. Déterminée après coup, par le travail de l'atmosphère, dans l'enchevêtrement des blocs primitifs, il y avait plus de chances pour qu'elle se dessinât dans les principaux croisements, vers le milieu des vides parallèles. Au contraire, le plus grand amas, suivant les probabilités, devait se trouver sur le prolongement de ces vides, soit à une extrémité, soit à l'autre, mais préférablement sur le versant le plus vaste et le moins remanié.

C'est ainsi que le pic du Midi d'Ossau, le pic Long, le Canigou dominent le versant français, tandis que les Monts d'Enfer, le Mont-Perdu, les Posets, les Monts-Maudits, les chaînons de Montorto, de Comolos-Pales, de los Encantados s'élèvent sur le versant espagnol (1). »

Nous aurons à revenir encore sur cette question de la manière d'être des montagnes pyrénéennes, lorsqu'après avoir décrit leur constitution géologique, nous chercherons à expliquer le mécanisme de leur formation.

Allure générale du versant sud. — Le versant sud des Pyrénées, presque inconnu naguère, a été exploré dans ces dernières années par un certain nombre de géographes, parmi lesquels il convient de citer MM. le général Coello, Schrader, Vallon, de Saint-Saud, Gourdon, Belloc, etc. ;

(1) Schrader, *Ann. du C. A. F.*, 1885, p. 448 et s.

aussi est-il possible aujourd'hui d'en avoir une idée générale assez nette. Mais, comme nous l'avons dit déjà, nous avons principalement en vue le versant nord, versant français ; aussi nous contenterons-nous d'un rapide aperçu sur la manière d'être de ce versant espagnol, et nous emprunterons à M. Schrader la description suivante.

« Tandis que, de la crête frontière, on voit la plaine de France directement au pied de la chaîne, la plaine espagnole n'apparait au sud que par d'étroites échappées, par delà un double système de hauteurs qui donnent au versant espagnol un caractère spécial.

Au pied de la vaste épaisseur des cimes centrales, à 50 ou 60 kil. de la frontière en moyenne, les mouvements du sol perdent rapidement de leur hauteur, et les Pyrénées se changent en un mamelonnement qui, au premier aspect, ne semble que confusion. A peine peut-on y distinguer çà et là quelque forme nettement détachée, quelque lit de rivière reployé sur lui-même ou fuyant vers l'horizon comme un ruban de lumière. Plus de sites pittoresques, sauf dans quelques replis d'un aspect sauvage, mais partout des croupes de terrain tertiaire, des plateaux ondulés, découpés en cultures, des flancs marneux, souvent ravinés et stériles comme des fragments du Sahara. Çà et là s'ouvrent des vallons cultivés sur peu d'étendue, s'échelonnent quelques séries de terrasses supportant des rangées d'oliviers. L'ensemble est terne, monotone, mélancolique, malgré l'éclat du soleil, et contraste vivement avec la beauté de formes et de teintes qui caractérise les paysages de la grande chaîne. »

Sierras espagnoles. — Mais plus au sud, après 20 ou

3o kil. de mamelonnement, les Pyrénées se redressent une seconde fois, et une longue ceinture de *sierras* calcaires s'élève au-dessus des plaines, de 3oo à 5oo mètres plus haut que la zone mamelonnée. Au point de vue orographique, cette zone intermédiaire rappelle la disposition du Jorat et du Trièves au pied des grandes Alpes, de même que ces *sierras* forment comme un véritable Jura, latéral aux Pyrénées, et correspondent sur le versant sud aux chaînons de Plantarel sur le versant nord ; mais leur hauteur est plus grande, leur aspect autrement superbe et leur développement bien plus considérable.

Ce redressement continu, coupé d'étroites et magnifiques brèches par où s'échappent les rivières, semble enfermer l'ensemble des Pyrénées espagnoles dans une enceinte, simple ou multiple, de murailles gigantesques.

C'est au Tosal de Guara (2,080ᵐ) que le système des sierras atteint la plus grande altitude. C'est à la triple sierra de Monsech (1,712ᵐ), coupée en tronçons par les deux Nogueras, qu'il présente la plus grande fierté de profils. On ne saurait imaginer un aspect plus grandiose que celui des sierras vues depuis le sommet du Cotiella, par-dessus la zone mamelonnée. De la confusion de formes indécises qui s'étend au sud et au sud-est surgissent plusieurs murailles parallèles, semblables à des vagues pétrifiées ou à des constructions de géants. Tandis que leur couronnement découpe au soleil ses formes quadrangulaires, rouges ou dorées, leur pied se relie aux ondulations voisines par de longues traînées d'éboulis, semblables aux plis vaporeux d'une draperie régulièrement suspendue.

La chute des sierras sur les plaines marque, à peu d'exceptions près, la limite des Pyrénées vers le sud. Si nous partons du méridien qui se dirige au sud du fond du golfe de Gascogne, nous rencontrons au-dessus des plaines de l'Aragon la longue sierra dont les pics de Santo-Domingo forment le point culminant (1,529, 1,546^m), puis, par delà le rio Gallego, la rangée parallèle que domine le Puig-Chilibro (1,595^m).

Ces deux rangées dominent les plaines de 750 mètres environ, et s'orientent exactement, comme les tronçons de la grande chaine, à l'est 30 degrés sud. Le passage du Gallego entre les deux rangées est marqué par les beaux rochers ou Mallos de Aguerro et de Riglos. A l'est de ces deux sierras et du Guatizalema, la sierra de Guara s'élève en recul vers le nord, dominant les plaines de plus de 1,200^m, puis vient le massif, découpé en lanières, dans lequel l'Alcanadre et l'Isuela ont tracé leur lit.

Plus loin, le Vero, qui vient d'arroser la vaste conque du Sobrarbe, presque plane et largement cultivée, traverse le dernier rebord des Pyrénées par la coupure étonnante du Salto de Roland, haute de 450 m. environ.

Jusqu'ici la ligne de démarcation reste très nette entre la montagne et la plaine. Plus loin au sud-est il n'en est plus tout à fait de même. Au nord de Barbastro, les sierras sont confuses ou insuffisamment déterminées. Les seuls traits bien nets qui caractérisent cette région sont la crevasse profonde qui permet à l'Esera de rejoindre la Cerica, et la sierra, peu élevée mais très remarquable, de Castello de Laguarres.

Plus loin au sud-est, toujours se poursuivant d'après l'orientation dominante des replis pyrénéens, c'est la sierra de Montsech, flanquée de plusieurs autres sierras secondaires, qui terminent au sud le renflement pyrénéen, et domine la plaine de 800 à 900 mètres. Ici le trouble recommence. Nous voyons bien que les chaînons extrêmes vont se repliant vers le nord-est, comme la sierra de Cad, qui les domine de loin vers le nord, mais néanmoins c'est encore au sud-est que les principaux mouvements des Pyrénées continuent à s'étendre vers la rive gauche de l'Èbre, jusqu'à la sierra de Montsech et au Montserrat de Barcelone (fig. 3).

Versant Français. — Nous diviserons en deux parties principales les Pyrénées Françaises, et nous décrirons successivement les *Pyrénées Orientales*, et les *Pyrénées Occidentales*.

Les premières commencent à la Méditerranée et se terminent à la vallée d'Aran, comprenant les départements des Pyrénées-Orientales, de l'Aude et de l'Ariège.

Les secondes partiront de ce point, ou mieux de la Garonne à l'Océan, comprenant les départements de la Haute-Garonne, des Hautes et des Basses-Pyrénées.

Notre sujet principal est le versant nord ou partie Française des Pyrénées, mais nous ne laisserons pas entièrement de côté le versant sud, le côté Espagnol, nous le décrirons rapidement.

Pyrénées Orientales.

Cette première partie des Pyrénées est surtout remarquable par la présence d'un massif montagneux en partie isolé et qui surgit à peu de distance de la mer, le massif du Canigou.

Massif du Canigou. — Celui-ci commencerait au sud
par une longue crête, formant le côté gauche de la vallée
espagnole du Sègre, qui donne pour premier sommet élevé
le Puigmal (2,909ᵐ), en avant duquel le Cambres-d'Aze
(2,760ᵐ) indique le point de raccordement avec le massif
du Carlitt, dernier versant du massif nord des Pyrénées-
Orientales. La ville de Mont-Louis est placée sur cette
ligne de jonction.

A partir du pic de Costabona (2,464ᵐ), cette crête du
Sègre se divise en deux ; l'une, la crête de Roja, aboutit
par le nord au Canigou, et finit brusquement à la vallée
de Prades. Au sud, au contraire, la crête s'abaisse insensiblement et occupe la rive droite du Tech pour finir par
les petites montagnes des Albères au cap Cerbère, et
même au cap Creus.

La Canigou est une des montagnes les plus imposantes
des Pyrénées. « Ainsi que l'Etna, le Canigou est un de
ces monts qui se dressent dans leur force comme les do-
minateurs de l'espace immense ; d'en bas, sa pyramide
grisâtre, rayée de ravins, d'éboulis et d'arêtes en saillie
aux teintes diverses, n'est pas moins puissante d'aspect que
celle du volcan de Sicile (1). » Son isolement lui donne
une physionomie toute particulière, car ce sommet élevé
(2,785ᵐ) domine sa base de plus de 2,000 mètres ; or,
d'après M. Russell, « si l'on admet que la longueur d'une
ascension doit s'estimer et se mesurer d'après la différence
de niveau du pic à gravir et celle du point de départ,
l'ascension du Canigou est une des plus longues des Pyrénées, puisque son sommet domine Prades de 2,440ᵐ et

_____

(1) Elisée Reclus, *Géographie*, t. II, la France, p. 63.

Dessin de M. de Calmels.

Fig. 3. — Le Mont-Serrat.

TRUTAT. — Les Pyrénées.

2

le Vernet de 2,165 ». Mais nous avons hâte d'ajouter que l'ascension du Canigou est des plus faciles : la plus grande partie du trajet peut en effet se faire à cheval; enfin elle ne présente aucun danger.

Le sommet du Canigou est formé par quatre pics entre lesquels se trouve un lac enserré dans une profonde dépression. « Une tradition populaire, qui se perd dans la nuit des temps, affirme que d'énormes anneaux de fer étaient scellés au bord du gouffre, et qu'ils servaient à amarrer les navires qui abordaient ces côtes escarpées (1). »

Chaînon des Albères. — Les Albères, point terminal du massif du Canigou, ou si l'on veut point initial de la chaine des Pyrénées, commencent au bord de la mer au cap Creus, par le petit chainon de Rosas qui longe la côte et passe par le cap Cerbère, le cap Béarn près de Port-Vendres (fig. 4), là il s'infléchit à l'ouest et forme la rive droite de la vallée du Tech. La frontière est placée au point de partage des eaux.

Le chainon de Rosas, grâce à sa faible élévation, est cultivé en vignes et en oliviers, et enserre au sud le bassin de la Llansa appelé encore Sierra de San Pedro de Roda. La ligne ferrée traverse ce chainon de Rosas par le tunnel de Canellas (1,350m). Un second tunnel au col de Balitre (1,031) achève la percée des Pyrénées.

Les Albères proprement dites s'arrêtent pour quelques-uns au col du Perthus, un peu avant la ville de Céret. Ce massif de peu d'étendue porte cependant quelques som-

_____

(1) Companyo, *Hist. Nat. des Pyrénées-Orientales*, t. I, p. 40.

FIG. 4. — Port-Vendres.

Dessin de M. de Calmels.

mets élevés : le Puig Neulos (1,259ᵐ), le roc des Tres Termens (des Trois territoires)(1,120ᵐ),la tour de la Massana (811ᵐ), sert de point de reconnaissance aux navires, car elle est à peu de distance de la côte ; le cap Cerbère est dominé par le Puig Joan (458ᵐ), enfin le phare du cap Béarn (Biar selon les Catalans) est à 216ᵐ.

Ce massif entièrement composé de terrains anciens porte des forêts de chênes lièges et des oliviers sur le versant français ; à ses pieds les riches alluvions du Tech nourrissent des épais fourrés de roseaux, qui donnent à cette région une physionomie toute spéciale.

La faible hauteur du col qui s'ouvre à l'extrémité de ce massif au Perthus a permis de tout temps « aux nations limitrophes de tracer un de leurs grands chemins de passage pour le commerce, les migrations et la guerre. Arrêtés à l'ouest par le haut rempart des grandes Pyrénées, les peuples devaient nécessairement chercher un point de passage dans la chaine basse qui avoisine le littoral. L'histoire des guerres fait bien souvent mention des rudes sentiers et des escarpements des Albères. »

Le col du Perthus n'a que 290 mètres d'altitude,il donne passage à la route carrossable de Perpignan à Gérone, route très fréquentée avant l'établissement de la voie ferrée.

Vallespir. — A l'ouest du Perthus, la crête s'élève rapidement, et le Boularic (1,450) domine la ville de Céret (170ᵐ) où se termine la plaine du Tech ou Vallespir, *Vallis Pyria* selon les uns, ou *Vallis Aspera* selon les autres.

Cette vallée inférieure qui se réunit bientôt à celle de

la Teta, est d'une fertilité extrême, grâce aux riches alluvions qui en forment le sol, et grâce aux nombreux canaux
d'arrosage qui la sillonnent.

Au delà de Céret, les montagnes s'élèvent rapidement;
« elles affectent la forme générale d'un arc de cercle ouvert au nord, descendant en escarpements ou en glacis
rapides, garnis de châtaigniers sur le versant français, qui
est peu fertile, excepté dans les vallées s'étendant au loin
en rameaux ou en gradins, d'un accès facile du côté de
l'Espagne. On y trouve le col de Portell, plusieurs fois
traversé par les armées dans la guerre de 1793 à 1795, le
pic des Salines (1,449), le roc de France (1,432), le mont
Nègre, le col de la Mouga, la crête, la serre de la Bague
de Bordeillat, plus escarpée et plus nue en Espagne qu'en
France, la cime arrondie du mont Falgas (1,610) avec le
col des Aires, tout voisin, le col Pragon, célèbre dans
l'histoire de la campagne de 1794, enfin le pic de Costabona (2,464) où le Tech prend sa source (1,760) » (1),
sans oublier le col de Coustouges, l'un des moins élevés (200).

Arles-sur-Tech (2.772), le dernier village important; au-
dessus la vallée devient une gorge étroite, et cinquante-
huit affluents se jettent dans la rivière du Tech, apportant
ainsi toutes les eaux de la crête frontière et des pentes et
du Canigou.

Cette haute vallée est riche en eaux minérales et en
gisements miniers ; les *indies* ou mines de fer de Batère
ont approvisionné depuis des siècles les forges à la Catalane de toute cette région. Près de Prats de Mollo, aux

(1) Levasseur, *Rev. des Pyrénées*, t. I, p. 444, 1889

Billots ou Grottes de Sainte-Marie, se trouvent de riches filons de cuivre, enfin en plusieurs points des **galeries** ont donné lieu à des travaux d'exploitation.

Au delà du Costabona, la chaîne se continue, s'élevant toujours pour atteindre au Puigmal (2,909^m), s'infléchit vers le sud en s'abaissant à 1,770 au col de Tosas, se relève au pic d'Alp (2,355^m) et se termine par la sierra de Cadi.

Région espagnole du Puigmal. — Au sud, directement en face du pic de Costabona, s'ouvre la vallée du Terr qui à Saint-Juan de las Abadessa, donne passage à une voie ferrée, établie par la mise en exploitation de riches mines de houille. Toute cette partie du territoire espagnol se compose de « longues et hautes chaînes, quelques-unes perpendiculaires, la plupart parallèles à la direction générale des Pyrénées : la sierra de Bert, et la montaña del Port del Comple, dont les altitudes ne sont pas encore connues exactement, la Pedro Forca et le Rosos de Paquera (1,990^m), la Fossa et d'autres qui sont des rameaux de la sierra del Cadi, le Monseny (1,693^m), le Mont-Serrat (1,227^m), le Monsant (1,071^m). Ces chaînes font dévier vers l'est les cours d'eau, comme la Tet, qu'elles avaient d'abord dirigés vers le sud et qui ne percent pas leurs lignes. Elles forment de toute la Catalogne une terrasse montueuse, semée çà et là de landes, sillonnée de vallées fertiles et terminée, du côté de la Méditerranée, par une sorte de talus dont les défilés livrent passage à la Llobregat, à l'Ebre et à ses affluents (1). »

(1) Levasseur, *op .cit.,* p. 446.

Non loin se trouve le district d'Olott, seul poin t de la
chaîne des Pyrénées où le phénomène volcanique se soit
manifesté.

Au nord de cette chaîne du Puigmal s'ouvre une
profonde coupure, la Cerdagne, qu'arrose la rivière du
Sègre, puissant affluent de l'Ebre, et qui coule vers
l'ouest dans le prolongement de la Tet. Le col de la
Perche (1,622) met en communication ces deux vallées.

La citadelle de Montlouis défend cette haute vallée
de la Tet, et Puycerda en Espagne commande la Cerdagne.

Cerdagne. — « Toute la plaine de la Cerdagne est
couverte de champs fertiles, de gras pâturages et d'une
riche végétation ; de riants vallons y coupent en divers
lieux le pied des montagnes, et l'on y aperçoit une foule
de villages habités par des gens que recommandent, en
général, des mœurs douces et paisibles, leurs habitudes
laborieuses, leur caractère hospitalier et leurs vertus
domestiques.

C'est en Cerdagne qu'on élevait autrefois cette belle
race de chevaux qui se faisaient remarquer par la beauté
et la finesse des formes. Issue des haras royaux d'Aran-
juez, elle avait acquis dans nos montagnes des qualités
particulières qui la distinguaient essentiellement des chevaux espagnols ; elle était mieux conformée, avait de
très bonnes jambes, était robuste et résistant à la fatigue,
enfin, ce qui la faisait estimer davantage, c'étaient les
allures gracieuses qu'elle prenait sous le cavalier. Mais,
pour obtenir toutes les belles qualités qui étaient l'apanage
de cette noble race, il fallait six ans de patience et atten-

dre que la nature lui eût donné tout son entier développement ; si on essayait de la dompter avant l'heure, elle dégénérait promptement et ne donnait plus que des sujets ordinaires, ayant perdu toute leur valeur (1). »

Le col de la Perche qui domine la Cerdagne est un vaste plateau nu, situé à 1,557ᵐ d'altitude, et qui est couvert de neige pendant les trois quarts de l'année. Une longue ligne de perches peintes en noir indique la route ; et c'est de là que lui vient son nom. Il est d'une longueur de 6 kilomètres et finit au col de Riga qui domine le petit village de Saillagouse.

A moitié chemin du col s'ouvre la petite vallée d'Eyne, célèbre station botanique, bien connue de tous les naturalistes. Le col de las Nuou Foats (2,780ᵐ) s'ouvre sur la crête frontière, à l'extrémité de la vallée, à peu de distance du Puigmal. Sur le versant espagnol se trouve l'ermitage de Notre-Dame de Nuria qui attire tous les ans de nombreux pèlerins.

A peu de distance de la vallée d'Eyne, s'ouvre celle de Llo, aussi riche en plantes rares que sa voisine. Au fond de cette vallée, au Pla Carbassis prend naissance la rivière du Sègre, que domine le pic de Fenestrelles. Non loin de là, les curieux vont visiter la Roca del Vidre ou Roca de Castell Vidre (roche de verre), immense bloc de schiste micacé de 30 mètres de haut. Quand le soleil frappe cette masse, l'on ne peut la regarder fixement, tant elle est miroitante.

Pays des Aspres. — Au pied du Canigou, c'est-à-dire

(1) Companyo, *op. cit.*, p. 92.

du sud s'étend le pays des Aspres; celui-ci commence par
une partie montagneuse qui s'abaisse peu à peu, se creuse
de gorges de quelque étendue dont les eaux se réunissent
pour former la rivière du Réart. Celle-ci se maintient à
égale distance du Tech et de la Tet et va se jeter dans
l'étang de Saint-Nazaire, situé sur les bords de la mer.

La température égale et chaude de cette partie centrale
du Roussillon donne à la végétation une physionomie
toute spéciale; le chêne vert, le chêne-liège couvrent les
pentes montagneuses, tandis que dans les parties basses
le pistachier forme les clôtures, et le micocoulier, appelé bois de Perpignan, se cultive avec succès : le bois
nerveux et flexible de cette espèce sert à confectionner
des manches de fouet.

Dans la *plaine*, croît spontanément une plante des
tropiques, l'*Agave Americana*, que les Catalans appellent *Atzabare*.

Massif des Corbières. — Le massif des Corbières termine au sud et à l'ouest ce territoire de l'ancien Roussillon. C'est un massif montagneux qui s'appuie d'un
côté à la haute montagne par la Quillane et s'étend jusqu'à Narbonne. Le col de Saint-Louis, qui fait communiquer la vallée de l'Agly et celle de l'Aude. peut être
regardé comme la limite supérieure de ce massif des
Corbières.

Au nord de cette dépression, le pic de Bugarach
(1,232^m) domine toute cette région fort remarquable par
la diversité de ces formations géologiques, par les gorges
profondes et étroites, parallèles entre elles, qui la sillonnent en tous sens : gorges de Saint-Antoine de Galamus.

Massif du Carlitt. — « Les sommets de granite qui
s'élèvent au nord de la riche Cerdagne, reposent sur un
vaste plateau quadrangulaire d'où s'écoulent les premières eaux des rivières de la Tet, de l'Ariège et de l'Aude,
et que le col fréquenté de Puymorens sépare à l'ouest des
montagnes d'Andorre. Parmi plusieurs sommets presque égaux en hauteur, le pic de Carlitt donne son nom au
plateau, qu'il parsème de rochers tombés de ses pentes.
Nulle région des montagnes ne porte davantage les traces
de la destruction opérée par les éléments. A la base des
roches supérieures encore debout, la surface de presque
tout le massif est recouvert de fragments entassés. L'action des anciens glaciers, des neiges, des intempéries, a
rongé les monts de granite sur une épaisseur considérable, et les débris laissés par ce long travail d'érosion
forment un immense chaos de blocs aux figures bizarres,
à l'équilibre incertain. Quelques-uns de ces amas de
rochers sont revêtus d'un tapis de mousse qui cache les
fentes et les précipices ; au-dessous de la zone, où commence la végétation arborescente, de petits bosquets se
montrent même entre les éboulis, mais presque partout
la pierre fendue a gardé sa nudité première. Des lacs et des
laquets de toute forme sont épars sur le plateau : l'un
d'eux, le Lanoux, est la nappe lacustre la plus étendue de
toutes les Pyrénées françaises ; mais il n'a point l'aimable beauté des lacs inférieurs, dont l'eau bleue contraste avec la verdure des prairies et des bois ; son eau
sombre ne reflète que des pierres et des neiges ; le paysage
est d'un aspect désolé (1). »

(1) Elisée Reclus, *Géographie*, t. II, la France, p. 64.

Tout ce plateau est surtout intéressant pour le géologue, car il porte partout des traces remarquables du passage des glaciers : la grande et la petite Bouillouse, vastes marégages, sont entourées de roches moutonnées et polies par les glaces.

Vallée de la Tet. — La Tet prend sa source au pied du pic Péric (2,825), sur ce plateau appelé Coma de la Tet ; elle reçoit bientôt cinq petits torrents qui descendent des étangs de Carlitt, parmi lesquels l'Estany Llarg renferme une plante norwégienne, la *Subularia aquatica*.

Un peu plus bas, au Pla de Barrès, un plateau herbeux remplace un lac que traversait la Tet et qui, selon la tradition, se serait vidé complètement au ixe siècle, ravageant toute la vallée de la Tet et emportant le monastère de Saint-André d'Exalada, bâti au-dessus des sources thermales d'Olette.

La vallée de la Tet ne commence, à proprement parler, qu'au niveau de Montlouis, point où le torrent change brusquement de direction et se dirige droit au sud. Profond défilé dans lequel viennent s'ouvrir quelques vallées latérales ; les unes appartiennent à la chaîne du Puigmal : Saint-Thomas, Carenza dont les parois verticales forment un défilé des plus remarquables, Nyer aux sources sulfureuses, enfin au niveau de Villefranche une profonde dépression, la vallée du Vernet, atteint le Canigou. A ce point, une série de forts creusés dans le roc ferment la vallée. Sur la rive gauche, à Olette, débouche la rivière d'Evol qui descend du Capcir. Mais avant l'on rencontre aux Grauss d'Olette les ruines du monastère de Saint-André, emporté au ixe siècle par une inondation.

Aujourd'hui un groupe important de source sulfureuse attire les malades aux Grauss d'Olette.

C'est également dans ce haut plateau du Carlitt que l'Aude prend naissance dans une petite contrée en forme de conque, le Capcir, couvert de neige pendant une grande partie de l'année. L'Aude coule dans de profondes dépressions qui sillonnent toutes les montagnes de cette région ; les plus remarquables sont celles de Saint-Georges et le défilé de Pierre-Lisse, dominé par des roches calcaires aux parois verticales de plusieurs centaines de mètres de hauteur, et dans lesquelles passe le chemin de fer de Carcassonne à Perpignan.

Bourrelet septentrional. — Enfin cette région si intéressante des Pyrénés-Orientales se termine à l'ouest par une « haute crête continue, tantôt granitique et tantôt schisteuse, formant le bourrelet septentrional du massif et la ligne principale de partage des eaux (excepté dans le val d'Aran). Elle atteint 3,080 mètres au pic de Montcalm ; ses cols, rares et difficiles sentiers de mulets, ne sont nulle part au-dessous de 2,200 mètres. Du pic Nègre au pic d'Albe (2,764 m.), et du pic d'Albe au pic de Médécourbe (2,849 m.), par le pic de Serrière (2,911 m.), la crête enveloppe les hautes vallées de la Balira et de quelques torrents qui la grossissent, et forme le val d'Andorre (1). »

Cette vallée d'Andorre forme au centre des Pyrénées une petite république indépendante, dont la suzeraineté est partagée entre la France et l'Espagne. On peut se

(1) Levasseur, *op. cit.*, p. 446.

rendre de l'Hospitalet en Andorre. La brèche qui s'ouvre
du port de Fray Miquel permet de voir les sources de

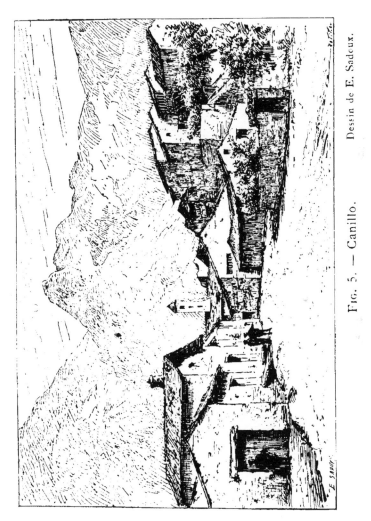

Dessin de E. Sadoux.

Fig. 5. — Canillo.

l'Ariège. Du port ou embrasse d'abord la vallée, on en suit
les mouvements jusqu'aux montagnes de Foix. Plus près,
les yeux ne s'attachent qu'à des cimes grises et nues;

plus haut, les cimes se succèdent : le Puig du Valira, la Portella, le Puig de la Névas, etc.

A la descente, la vallée s'infléchit à gauche au point où vient aboutir le chemin qui conduit au col de Soldeu Sur une roche à pic est assise la chapelle de Canillo. Un peu au delà, au pied de grandes roches grises effritées, est le village de Canillo (fig. 5). La petite tour carrée de l'église paroissiale s'élance au-dessus des maisons. A Canillo, l'on est au niveau du Valira oriental. Au milieu d'une plaine ronde, les deux Valira se joignent : le Valira oriental et le Valira del Nort. Au delà du confluent, sur un mamelon, voici Andorra Vieilla (fig. 6). Le palais du gouvernement (fig. 7) est surmonté d'un belvédère. L'édifice n'a qu'une porte, large, massive, surmontée des armoiries de l'Andorre. Au-dessus s'ouvre une croisée dont les volets sont ouvragés.

De grandes montagnes se dressent, couvertes, à leur base, d'épaisses forêts. C'est le quartier pittoresque de l'Andorre. Un ruisseau vient se jeter dans le Valira ; il marque la limite de l'Andorre et de l'Espagne.

« Du pic de Médécourbe, la ligne de faîte, s'avançant en zigzag vers le nord-ouest par le pic de Montcalm, le Mont-Rouch, le Mont-Vallier (2,839ᵐ), le pic de Mauberne (2,880), atteint la fracture du Pont-du-Roi (fig. 11) où passe (la Garonne, par une altitude d'environ 588ᵐ (1). »

C'est en ce point que se termine cette première partie de la chaine, à laquelle nous avons conservé le nom de Pyrénées-Orientales, et qui comprend non seulement le

(1) Levasseur, *op. cit.*, p. 447.

département de ce nom, mais encore une partie de celui de l'Aude et celui de l'Ariège.

Fig 6. — Andorra la Vieille. — La place.

Ariège. — Grande chaîne. — Cette région de l'Ariège est formée par des montagnes beaucoup plus régulières que celle de l'extrémité orientale du système. « Sur un espace d'environ 180 kilomètres en droite ligne, du col de Puymorens à la percée de la Garonne, la chaîne maî-

FIG. 7. — Le palais du Gouvernement à Andorre.

tresse développe sans aucune interruption la série de ses pics, séparés seulement par de légères échancrures. Peu de chaînes au monde se rapportent mieux au type régulier de la sierra. Les saillies principales hérissent l'arête médiane des Pyrénées Ariégeoises et ne se dressent point

FIG. 8. — Les Monts-Maudits.

D'après une photographie prise du Signal de Montarto(C. A. F.) — Dessin de M. F. Schrader.

sur les massifs latéraux, comme dans les Pyrénées centrales ; le superbe Mont Vallier, que l'on voit si bien de
Toulouse et de toute la vallée de la Garonne jusqu'à
Saint-Gaudens, ne fait point exception à la règle : à peine
s'élève-t-il de quelques centaines de mètres au-devant de
la chaine (Reclus) ; mais il est si bien situé au milieu de la
grande vallée toulousaine, à l'un des angles saillants du
rempart, qu'on serait tenté d'y voir le colosse des Pyrénées.

Les chainons latéraux de cette partie des Pyrénées ont
la plus grande régularité ; ils se détachent à angle droit de
la grande arête et se ramifient eux-mêmes en branches
secondaires, séparées par autant de torrents, tributaires de
l'Ariège ou du Salat sur le versant du nord, de la Valira
d'Andorre ou de la Noguera de Pallas sur le versant du
midi Les Monts d'Aulus (fig. c). présentent d'abord une
longue masse triangulaire, couronnée de quelques sapins ; par derrière, une série d'aiguilles nues ; au fait les
crêtes blanches qui forment le couronnement du tableau.

Les grandes Pyrénées Ariégeoises sont accompagnées
à distance par deux autres chaines plus basses, formant
sur le versant français deux plissements parallèles du sol.
Une de ces rangées de montagnes, d'apparence encore
tout à fait grandiose, à cause de la hauteur de ses cimes,
s'enracine au massif de Carlitte. Au nord de la vallée où
coule la haute Ariège, se dressent les sommets les plus
fiers, entre autres le Pic de Tabe.

Petites Pyrénées. — La deuxième chaine qui passe
au nord de Foix, n'a plus les beautés de la grande montagne, cimes couvertes de neige jusqu'aux premiers beaux
jours de l'été, hauts pâturages parsemés de bouquets

FIG 9. — Le Garbet et les Monts d'Aulus.   Dessin 'e E. Sadoux.

d'aulnes, petits lacs d'eaux profondes, cascades ondoyantes: elle est plus basse, plus monotone ; en maints endroits elle a la régularité d'un mur de forteresse ; le géologue Leymerie a donné à ce rempart le nom de *Petites Pyrénées*. Une sorte de fossé les sépare des Pyrénées proprement dites.

Ces montagnes parallèles, en grande partie composées de roches appartenant aux divers étages crétacés, ont été percées par les rivières qui descendent des hautes neiges du faite pyrénéen.

Vallée de l'Ariège. — L'Ariège (fig. 10), issue de la région des monts granitiques (pic Nègre sur la frontière de l'Andorre), longe d'abord la base méridionale de la chaine du Saint-Barthélemy, puis, au défilé de Tarascon, se recourbe brusquement vers le nord pour gagner la plaine ; de même le Salat, descendu aussi de l'arête maitresse, s'est taillé un chemin dans le granite ou défilé de Ribaouto, en amont de Saint-Girons.

Rivières secondaires. — Quant aux rivières qui naissent sur le versant septentrional du chainon secondaire, l'Hers, la Lectouire, la Douctouire, l'Arize, elles coupent toutes le chainon tertiaire après avoir serpenté le long de ses roches pour en trouver le point faible. Quelques uns de ces défilés sont d'étroites entailles, à parois presque verticales ; il en est même un, celui de l'Arize, qui s'est creusé un souterrain dans le rocher ; c'est la fameuse grotte du Mas-d'Azil. L'étroite vallée où coule la rivière torrentueuse est tout à coup barrée par une colline aux assises de roches blanches laissant les arbris-

Dessin de E. Sadoux.

Fig. 10. — Vallée de l'Ariège.

seaux s'enraciner dans leurs crevasses. Les eaux mugis-
santes pénètrent sous la voûte par une porte triomphale
et disparaissent dans les ténèbres. On peut les suivre
pourtant, si ce n'est à l'époque des grandes inondations,
grâce à la route construite le long du torrent et vague-
ment éclairée par la réflexion indécise du faisceau lumineux de l'entrée. Au sortir de la porte d'aval, moins grandiose d'aspect que celle d'amont, l'Arize fait mouvoir
quelques roues de moulin, puis s'étale dans le bassin du
Mas-d'Azil et va compléter le travail de percée des montagnes par le pittoresque défilé de Sabarat.

Vallée d'Aran. — Au pied des escarpements de Tente-
nade, le défilé du Pont-du-Roi (fig. 11), dans lequel passe
la Garonne, limite à l'occident la grande chaine des Pyrénées ariégeoises, et avec elle toute la partie méditerranéenne du système orographique.

Cette zone intermédiaire est le véritable centre des
Pyrénées.

Un chainon latéral qui s'embranche aux Pyrénées
ariégeoises et qu'interrompent les magnifiques pâturages
de Béret, où la Garonne et la Noguera sourdent entre
les gazons pour suivre leurs chemins opposés, va se
relier plus au sud aux montagnes aragonaises de Cal-
das (1) ».

Cette vallée d'Aran, si importante au point de vue
orographique, est située sur le versant nord de la chaine,
et cependant elle appartient à l'Espagne.

Sur le versant espagnol, entre la sierra de Cadi et le

(1) Elisée Reclus, *Géographie universelle*, t. II, la France, p. 70
et suiv.

al d'Aran, « se trouvent, outre la chaîne du pic de Port-
ègre, la crête partant du pic de Médécourbe et fermant

FIG. 11. — Le Pont-du-Roi.

à l'est le val d'Andorre (Como Pedros a 2,950ᵐ), et qui
paraît se prolonger par la sierra de San Juan (2,405ᵐ), la

sierra de Bon-Mort (2,074), entre le Sagre et la No-
guera-Pallaresa (1) ».

« A l'ouest du val d'Aran, le versant septentrional des
Pyrénées appartient, sur l'espace d'une vingtaine de
kilomètres seulement, au département de la Haute-Garonne. Non compris les détours, la Garonne n'a pas
moins de 240 kilomètres de cours, de son entrée dans le
département par le défilé du Pont-du-Roi, aux campagnes de Grenade et de Grizolles, par lesquelles il pénètre
dans le Tarn-et-Garonne. »

Pyrénées-Occidentales.

Pour plus de clarté, nous diviserons avec M. Levasseur cette seconde partie de la chaîne en deux sections,
celle des *Pyrénées centrales* qui s'étend du val d'Aran
aux sources de l'Aragon, et celle des *Pyrénées océaniennes* ou section occidentale.

Pyrénées centrales. — *Massif supérieur, Monts-Maudits.* — « La première section commence en réalité au col
de Béret. Elle comprend d'abord un groupe de massifs
granitiques situés entre la Garonne et les deux Noguera,
celui de Piedratitta (2,758ᵐ), avec le port de Pallas
(2,750ᵐ), celui de Comolos Pales 3,010ᵐ), du Montarto-
d'Aran 2,826ᵐ), de Comolo Forno (3,038ᵐ), puis à partir
du col de Toro (2,293ᵐ), le massif de la Maladetta,
dont le sommet le plus élevé, le Néthou (3,407ᵐ),
est en même temps le point culminant de toute la chaine.
Gravi pour la première fois en 1842 par MM. Tchihat-

(1) Levasseur, *op. cit.*, p. 447.

Fig. 12. — Le port de Vénasque.

chef et de Franqueville, le Néthou est devenu l'ascension
obligée de Luchon, ascension facile, mais qui oblige à
coucher dans la montagne à la Rencluse. »

Le versant nord de ce massif des Monts-Maudits est
occupé par les deux plus grands glaciers de la chaîne,
celui du Néthou et celui de la Maladetta. Chose singulière,
les eaux qui naissent de ces deux masses de glace disparaissent sous terre, celles du Néthou au gouffre de Toro ;
elles franchissent la crête frontière, reparaissent dans
la vallée d'Aran au Goueil de Joucou, et se jettent dans la
Garonne ; celles du glacier de la Maladetta disparaissent
dans le gouffre de la Rencluse, et reviennent au jour dans
la vallée de l'Esera, non loin de l'hospice espagnol de
Vénasque. « Quatre crêtes se détachent au sud de ce
massif et s'allongent entre les vallées de la Noguera, de
l'Ysabena, de l'Esera : la crête de Peguara (2,982^m), qui
se prolonge par le Monseny (2,881^m), celle de la Tuca de
Mauvanet (2,746^m), qui se prolonge par le Saint-Gervaz
(1,880^m), et la sierra de Lleras, celle d'El-Bosc (1,097^m),
rameau peu élevé, celle du Gallinero (2,720^m), et du Tur-
bon (2,492^m), (2,499^m), qui fait suite à la Maladetta (1). »

Ce massif isolé de la Maladetta se relie cependant à la
chaîne frontière par la crête des Moulières, le pic Fourcanade, et le chaînon de Poumero, tous en Espagne, pour
atteindre la frontière et la grande crête au port de la
Picade (2,410^m) ; là cette crête se relève au pic de la Mine
(2,707^m), au pic de Sauvegarde (2,736^m) qui flanque des
deux côtés le port de Vénasque (fig. 12) (2,417^m), puis se
continue par le Sacrous (2,678^m), le Port-Vieux, la Tusse

(1) Levasseur, *op. cit.*, p. 458.

de Maupas (3,110^m), station géodésique qui relie les triangulations françaises et espagnoles, le pic de Crabioules (3,104^m) et le Quairat (3,059^m), qui dominent le cirque

Fig. 13. — La Rue d'Enfer.

charmant de la vallée du Lys et la rue d'Enfer (fig. 13), une des courses les plus fréquentées de Luchon.

Crêtes centrales, Haute-Garonne. — La crête toujours

hérissée de pics élevés lance en avant sur le versant espagnol le pic de Perdighère (3,220ᵐ) (fig. 14), puis forme la crête d'Oo, sur laquelle s'ouvrent les deux passages les plus élevés de toute la chaîne : portillon d'Oo (3,044ᵐ), port d'Oo (3,001ᵐ).

Au-dessous naît la sauvage vallée d'Oo, envahie autrefois par les glaces, ainsi que le témoigne encore la moraine de Garin, et qui va se terminer à Luchon.

Hautes-Pyrénées. — Au delà de la région d'Oo, commence le département des Hautes-Pyrénées ; la crête se continue en s'élevant au pic de Clarabide (3,024ᵐ), au pic Pétard (3,178ᵐ), au pic Batoa (3,035ᵐ), au pic d'Ourdisseto (2,601ᵐ) ; tandis qu'au nord s'ouvrent les vallées de Louron, de Rioumajou, de Moudang, d'Aragnouet, qui se réunissent bientôt pour former la vallée d'Aure.

Au lieu de se détacher perpendiculairement à l'axe de la chaine, la vallée d'Aure longe le pied du rempart qui la sépare de l'Espagne ; mais elle projette de ce côté un des vallons latéraux, aboutissant tous à une échancrure de la montagne, à un port. En ce point la ligne-frontière est peu élevée, elle dépasse rarement 2,800ᵐ, et les sommets les plus élevés sont rejetés sur le côté : le Cambiel et le Pic Long. « Les versants orientaux de Néouvielle et du Pic Long renferment un dédale de pics aigus, de murailles neigeuses, de glaciers, de cascades, de grands lacs et de forêts impénétrables, qui en font un des plus beaux centres d'excursions des Pyrénées (1). »

Le lac d'Orrédron a été transformé par les ingénieurs

(1) Joanne. *Géographie des Hautes-Pyrénées*, p. 22.

FIG. 14. — Vallée de Ramougne et Pic de Perdighère)
Dessin de M. F. Schrader, d'après nature (C. A. F.).

des ponts et chaussées en un immense réservoir char[gé]
de régulariser les eaux de la Neste.

Plateau de Lannemezan. — En face et au débouché [de]
la vallée d'Aure s'étend le vaste plateau de Lannemezan
d'une altitude moyenne de 660ᵐ et qui s'abaisse inse[n]-
siblement vers les plaines ; de nombreuses rivières prennent naissance au sommet de ce plateau et s'irradient d[e]
tous côtés en un immense éventail. Cette masse de Lannemezan est entièrement composée de matériaux de transport arrachés aux sommets de la montagne, et sembl[e]
former un immense cône de déjection d'un torrent formidable qui aurait suivi la direction de la vallée d'Aure.
Mais d'après M. Garrigou, tous ces matériaux seraien[t]
d'apport glaciaire, et remonteraient jusqu'à l'époqu[e]
tertiaire.

Au delà de cette région, le régime des rivières est franchement océanien et va droit à la mer, sans décrire l[e]
long circuit de la Garonne ; l'Adour réunit toutes les eau[x]
depuis le plateau de Lannemezan jusqu'à Bayonne.

Vallée de l'Adour. — La haute vallée de l'Adour, o[u]
vallée de Campan, descend du massif de Néouvielle e[t]
déverse les eaux des montagnes de Bigorre, contrefor[t]
avancé que domine le pic du Midi de Bigorre (2,877ᵐ)
(fig. 15). Au débouché de la vallée dans la plaine, s'élève l[a]
charmante ville de Bagnères-de-Bigorre, qui attire chaqu[e]
année de nombreux baigneurs et de simples touriste[s]
qui trouvent là une station d'été des plus agréables.

Région de Gavarnie. — Au delà la crête se continu[e]

pour se relever une dernière fois dans le massif de Gavar-

Fig. 15. — Le pic du Midi de Bigorre.

nie. La Munia (3,150^m), le pic de Troumouse (3,086^m), le
pic de Pinède (2,866^m), le Marboré (3,253^m), le Taillon

(3,156ᵐ), le Gabiétou (3,035ᵐ), forment un des plus beaux
ensembles de hauts sommets que l'on puisse imaginer.
Région des plus intéressantes pour le géologue et sur
laquelle nous aurons à revenir lorsque nous chercherons
quel a été le mécanisme qui a produit la chaine des Pyrénées.

Là se trouvent ces *cirques,* ces *oules,* comme disent
les habitants, effondrements immenses : le cirque de Troumouse, vaste plaine couverte de pâturages et entourée
d'un rempart circulaire de mille mètres de hauteur
moyenne ; le cirque d'Estaubé, moins grand et qui est
suivi par le fameux cirque de Gavarnie (fig. 16), immense
amphithéâtre, creusé en gradins sur un arc de cercle de
4,000 mètres et une hauteur verticale de 1,000 mètres.
Au-dessus, une étroite ouverture, la brèche de Roland
(fig. 17) (2,804ᵐ), livre passage à l'étroit sentier qui fait
communiquer les deux versants.

Plus loin le massif isolé du Vignemale (3,298ᵐ), qui
domine Cauterets, est la plus haute cime française.

Toutes les eaux de ces sommets se réunissent dans une
série de hautes vallées : celles de Gavarnie et de Cauterets
qui se déversent dans la fertile vallée d'Argelès qui
se continue jusqu'à Lourdes, et dont nous aurons à
parler de nouveau lorsque nous traiterons des anciens
glaciers.

La ligne de partage des eaux, qui est en même temps
la frontière dans toute l'étendue qui comprend les départements de la Haute-Garonne et des Hautes-Pyrénées,
forme bien une muraille continue, mais, comme nous
l'avons déjà dit, elle ne renferme pas les sommets les
plus élevés. « Au sud, en Espagne, le massif de Gavar-

Dessin de E. Sadoux.

Fig. 16. — Cirque de Gavarnie.

nie se prolonge assez avant et forme de hauts plateaux
calcaires profondément découpés par de profondes vallées, et se relevant en certains points à une altitude supérieure aux sommets de la crête principale : tel le Mont-
Perdu (3,352ᵐ), la plus belle montagne calcaire de
l'Europe, qui se relie par le Marboré à la ligne de partage
des eaux et se prolonge au sud par le Sestral (2,080ᵐ) et
le Tendenera (2,860ᵐ) (1), tandis que vers l'est une seconde
ligne de hautes montagnes relie le Mont-Perdu au pic
Posets (fig. 18) (3,367ᵐ), que la vallée de l'Esera sépare
du massif de la Maladetta, et qui se prolonge au sud par
l'Arménia (2,932ᵐ), le Cotiella (3,010ᵐ), la Peña Monta-
ñesa (2,302ᵐ), et à l'ouest par le Suelza (2,967ᵐ).

Au delà et toujours du côté sud se développent ces
séries de montagnes parallèles dont nous avons déjà
parlé (2).

Basses-Pyrénées. — Le département des Basses-Pyrénées termine la chaine à son extrémité occidentale, et les
sommets s'abaissent rapidement ; ce n'est que sur des
contreforts latéraux que nous trouverons quelques pics
encore élevés : pic du Ger (fig. 19) (2,612ᵐ) qui domine les Eaux-Bonnes, pic du Midi d'Ossau (2,885ᵐ). Au-
dessous la vallée d'Ossau conduit jusque dans les plaines
de Pau, tandis que plus au nord-ouest la vallée d'Aspe
est couronnée par les derniers grands sommets : pic d'Aure
(2,504ᵐ), qui forme la limite du Béarn et du pays Basque,
le pic d'Orhy (2,017ᵐ). « La ligne de faîte cesse d'être
la frontière des deux États ; la forêt d'Iraty, située dans

(1) Levasseur, *op. cit.*, p. 450.
(2) Voir page 34.

Fig. 17. — La bréche de Roland. (Voy. p. 48.)   Dessin de E. Sadoux.

le bassin de l'Aragon, au nord des monts d'Abadi (1,268ᵐ), est française, tandis que le val Carlos, dans le bassin de la Nive, est espagnol; plus à l'ouest, l'Orsansuriela atteint 1,570ᵐ. Quoique les ports soient encore très élevés, plusieurs passages, routes ou sentiers fréquentés traversent cette section de la chaîne; les principaux sont les ports d'Anso, d'Urdaité et de Larrau, le col d'Orgambide (980ᵐ), sentier de mulets, le col de Bentarté (1,222ᵐ), muni d'une mauvaise route de chars, le col de Roncevaux (1,100ᵐ), sentier de mulets entre la route de Burguete à Pampelune et celle du val Carlos à Saint-Jean-Pied-de-Port, le Lindux (1,065ᵐ) avec son fort, le fort de Vélate (868ᵐ), situé à 7 kil. et demi au sud-ouest de la frontière française, entre le bassin de la Bidassoa et celui de l'Aragon; c'est par ce dernier que passe la route corrossable de Bayonne à Pampelune (1). »

Pays Basque. — Au nord-ouest du col de Vélate, les Pyrénées envoient des rameaux, couverts de forêts et de pâturages, jusqu'au fond du golfe de Gascogne; ce sont les montagnes du *pays Basque.* Les principaux sommets sont le Mondarrain (750ᵐ) entre la Nive (île des Faisans, fig. 20) et la Nivelle, le mont Oursouza (678ᵐ), la Rhûe (900ᵐ) entre la Nivelle et la Bidassoa, le Mendaur (1,130ᵐ) et la Haya (967ᵐ) sur le territoire espagnol, entre la Bidassoa et l'Uruméa.

C'est au pied de ces dernières pentes que passe un des deux chemins de fer qui unissent la France à l'Espagne et relie Bayonne à Saint-Sébastien.

Les différentes vallées du pays Basque descendent ra-

(1) Levasseur, *op. cit.*

Fig. 18. — Les Posets, vus du Pic Tonnerre. (Voy. page 50.)
Dessin d'après nature, par M. F. Schrader (C. A. F.).

pidement vers la côte, et là se sont élevées les petites
villes de Hendaye, Saint-Jean-de-Luz, Biarritz, et enfin
Bayonne, la capitale de toute la région.

Les Pyrénées pittoresques.

Au point de vue pittoresque, on peut diviser les Pyrénées (surtout le versant français) en trois grandes
régions, et voici comment M. Russell Killough les a
caractérisées :

« Dans leur ensemble, les Pyrénées ont trois caractères nettement tranchés, trois aspects qui diffèrent
d'une manière étonnante, et trois manières de plaire.

Les *Pyrénées méditerranéennes*, dont les plus beaux
représentants sont le Puygmal (2,909^m), le Canigou
(2,785^m), le Carlitte (2,920^m), éblouissent comme le soleil : c'est une terre à peu près africaine.

Les *Pyrénées centrales*, dont le monarque est le Néthou (3,404^m), inspirent un enthousiasme mêlé d'effroi
et de respect, comme tout ce qui rappelle ou symbolise
la mort.

Les *Pyrénées occidentales*, moins lumineuses que les
premières, plus accessibles, moins orgueilleuses et
moins sauvages que les secondes, ont seules le don
d'inspirer une espèce de tendresse qui ressemble à
l'amour. Elles charment le cœur autant que l'imagi-
nation, et on les pleure en leur disant adieu. On peut
les parcourir, et même les habiter en toute saison. Gavarnie (1,346^m) a 400 habitants, Cauterets (980^m) en a
2,000 ; un omnibus y monte tous les jours de l'année ;
et tous les cols de cette partie des Pyrénées, situés à

Fig 19. — Vallée du Ger.

Dessin de E. Sadoux.

l'ouest du méridien de Pau, sont assez bas pour être utilisables en plein hiver.

Mais si l'on cherche la grande nature alpestre, avec sa sauvagerie et sa splendeur, on la trouve dans toute sa gloire au sud et au sud-ouest de Lourdes et de Cauterets, où se hérisse un monde neigeux plein de glaciers, de lacs qui ne dégèlent jamais, et de sommets superbes dépassant 3,000 mètres, tels que le pic d'Enfer (3,080^m), la Fache (3,020^m), les Arualas (3,033^m), le formidable Balaïtous (3,146^m), le grand Vignemale (3,298^m), etc., etc. (1). »

B. — Les Eaux.

Rivières. — Les différents cours d'eau qui réunissent les eaux du versant français des Pyrénées, dépendent soit du bassin de la Méditerranée, soit du bassin de l'Océan.

Versant méditerranéen. — Les premiers comprennent toutes les rivières qui se trouvent à l'est de l'Aude, y compris celle-ci. Elles sont pour la plupart à sec pendant l'été, mais dans la plaine l'étendue de leur lit indique qu'à certains moments elles donnent passage à des masses d'eaux considérables : telles sont les rivières du Tech et de la Tet qui arrosent les plaines du Roussillon.

L'*Aude* (fig. 21) participe aussi, dans des conditions moindres, à ce régime de crue considérable, et la longueur de son parcours lui donne plus de régularité.

(1) Russell Killough, *Congrès de Pau*, p. 526.

Fig. 20. — L'île des Faisans.

Dessin de E. Sadoux.

Versant océanien. — Toutes les autres rivières se jettent dans l'Océan et comprennent deux bassins, celui de la Garonne et celui de l'Adour. La Garonne prend naissance sur le territoire espagnol du val d'Aran, au plat de Béret, mais elle s'augmente considérablement au Goueil de Joueou, point d'émergence des eaux venues des glaciers du Néthou. « Un torrent formé des neiges et des glaces du Néthou s'engouffre tout à coup dans un puits naturel, appelé le *Trou de Toro*. La masse liquide engloutie traverse par des canaux souterrains toute l'arête des montagnes qui s'élèvent du côté nord, et reparait sur l'autre versant de la chaine, à 4 kil. de distance et à 600ᵐ plus bas. C'est à cette source que les anciennes populations pyrénéennes ont donné le nom de *Goueil de Joueou* (œil de Dieu), comme à une merveille vraiment divine. Aux flancs d'un promontoire couvert de sapins, entre les racines mêmes des arbres et les blocs amoncelés, des jets puissants s'élancent par de nombreuses fissures, et bondissent en cataractes de 30 mètres de hauteur, des deux côtés d'un escalier de roches aux marches inégales. En bas de la chute, la Garonne s'empare d'un premier torrent qu'elle entraine dans son cours, puis au pied de la butte de Castelleon, elle s'unit à une autre Garonne qui vient de traverser de l'est à l'ouest le val d'Aran, et déjà devenue forte, elle pénètre en France entre les parois de marbre qui forment le défilé de Saint-Béat (1. »

Là, elle reçoit un premier affluent, le torrent de la Pique, qui lui amène toutes les eaux des montagnes et

_____

(1) Elisée Reclus, *Géographie universelle*, la France, t. II, p. 114.

des glaciers de Luchon (torrents du Lys, fig. 21) et d'Oo. Déjà augmentée de plus d'un tiers, la Garonne s'en-

Dess'n de M. de Calmels.

FIG. 21. — Gorges de l'Aude.

gage dans le défilé de Tibiran et s'unit à la Neste qui descend de la vallée d'Aure. A quelques kilomètres de Toulouse, en amont de cette ville, elle reçoit l'Ariège (fig. 22). qui lui apporte toutes les eaux des montagnes

qui s'étendent de la vallée d'Aran à celle de l'Aude ;
puis se détournant encore une fois, elle traverse les
plaines inférieures et gagne l'Océan au Bec-d'Ambez,
après avoir reçu sur la rive droite toutes les rivières qui
descendent du plateau central.

L'*Adour* réunit toutes les eaux depuis le plateau de
Lannemezan jusqu'à Bayonne ; composé de toutes les
eaux des rivières du Tourmalet et de Gaube, il ne reprend son nom qu'à son entrée dans la vallée de Campan, où il trouve à augmenter ses eaux de celles de la
rivière de Lesponne, affluent plus considérable peut-
être que l'Adour lui-même. « Dans cette région, les pluies
et les neiges sont considérables ; mais pendant l'été les
sécheresses sont fréquentes et le torrent ne suffirait
plus à l'alimentation des canaux d'arrosage, s'il n'était
soutenu par les eaux d'un réservoir que l'on règle à
volonté. Ce réservoir est le lac Bleu, situé à la base
septentrionale du pic du Midi de Bigorre, à l'extrémité
supérieure de la haute vallée de Lesponne. Un tunnel,
creusé dans le rocher à 20 mètres au-dessous du niveau
du lac, épanche en été par une succession de cascades,
rivales des plus belles chutes d'eau pyrénéennes, une
masse de 2 mètres cubes d'eau par seconde, suffisante
pour les irrigations de la vallée et des usines de Bagnères et de Tarbes.

« Ce travail hydraulique important est dû aux ingénieurs contemporains, mais immédiatement au sortir de
la vallée de montagne, à 5 kil. en aval de Bagnères,
commence un grand canal d'arrosage qui date de la fin
du ve siècle, et qui est par conséquent l'un des plus anciens de France.

Fig. 22. — Cascade d'Enfer.   Dessin de E. Sadoux.

— « Ce cours d'eau artificiel qui porte le nom d'Alaric, le souverain visigoth sous le règne duquel il fut creusé, est devenu par son régime et les sinuosités de son cours une simple dérivation de l'Adour, qu'il accompagne à l'est sur un espace d'environ 40 kilomètres. L'Adour contourne ensuite le massif du Béarn, s'augmente à Peyrehorade des eaux du Gave de Pau, et se jette dans l'océan au-dessous de Bayonne. Dans toute cette partie inférieure l'Adour est navigable, et a toujours été la route très fréquentée de toute cette région.

« Les gaves sont tout autrement fiers dans leurs allures que le tranquille Adour. Les gradins successifs des vallées de Gavarnie, de Luz, d'Argelès, dans lesquelles se forme le torrent principal, sont ceux de toutes les Pyrénées où les eaux s'écoulant en cascades, fuyant en rapides ou glissant avec lenteur au fond des gouffres, offrent les plus grandioses tableaux. D'admirables bassins de prairies, qui contrastent avec les âpres défilés d'où sort le Gave et ceux où il va rentrer, accroissent encore la sublimité des paysages. A l'issue de la gorge de Lourdes, le Gave semble devoir couler dans la plaine, mais il se recourbe brusquement à l'ouest pour séparer les grandes montagnes des coteaux avancés du Béarn, tout parsemés de blocs erratiques apportés par les anciens glaciers.

« Au-dessous du gracieux pont de Betharram, dont l'arcade est festonné de lierre, il serpente au milieu des oseraies d'une plaine que fertilise le canal d'irrigation de Lagoin, emprunté à son courant et contenu dans le sillon d'un ruisseau dont il prend le nom ; mais à Pau les coteaux recommencent. Le Gave ne sort définitive-

FIG. 23. — La cascade d'Arse (Ariège).   Dessin de E. Sadoux.

ment des rochers qu'à une vingtaine de kilomètres de son confluent, et garde jusque-là son caractère torrentiel. » (Reclus, tome II, la France, p. 109-110.)

Tout à fait à l'extrémité de la chaîne, la petite rivière, de la Bidassoa se jette directement dans la mer, et sert de frontière entre la France et l'Espagne.

Les eaux des torrents des Pyrénées sont toujours d'une limpidité parfaite, contrairement à celles des Alpes qui sont troubles et blanchâtres. Cette différence provient de leur mode d'origine ; tandis que les torrents des Alpes naissent *directement* des glaciers qui descendent jusque dans le fond des vallées, les torrents des Pyrénées, bien que naissant aussi des glaciers, déposent vite les menus débris dont ils sont chargés à leur origine, et cela avant d'avoir atteint le fond des hautes vallées. D'un autre côté, les eaux qui sortent directement de nos glaciers sont toujours moins sales que celles des Alpes, car les glaciers alpins encaissés entre de hautes crêtes reçoivent de nombreux débris qui salissent les eaux de fusion, alors que les glaciers pyrénéens ne descendent pas dans les vallées et fournissent peu de débris. Si les glaciers sont les points d'origine de tous les grands cours d'eau, les eaux d'infiltration jouent un rôle important dans les apports faits à tous les torrents et à toutes les rivières.

Les Lacs. — Contrairement à ce qui existe dans les Alpes(1), aucun des cours d'eau pyrénéens ne prend naissance à son point de départ dans un lac d'une certaine

(1) Voy. Falsan, *Les Alpes Françaises, les montagnes, les eaux, les glaciers*, etc. Paris, 1893, chap. v.

FIG. 24. — Lac d'Oo.

Dessin de E. Sadoux.

TRUTAT. — Les Pyrénées.

5

étendue, réservoir naturel des eaux que fournissent les glaciers supérieurs. Les lacs des Pyrénées sont *tous* à un niveau plus élevé que ceux de la Suisse, et leur importance est si peu considérable qu'ils n'exercent qu'une faible influence sur le régime des cours d'eau. Mais il devait en être tout autrement alors que les glaciers couvraient une grande partie des montagnes, sans cependant qu'il soit possible de comparer les marécages dont nous retrouvons les traces dans la plupart des vallées pyrénéennes aux lacs qui donnent à la Suisse une physionomie particulière.

Mais si les lacs des Pyrénées n'ont jamais l'étendue de la Suisse, ils sont très nombreux ; d'après le docteur Jeanbernat, qui a publié un travail important à ce sujet, travail dans lequel nous avons puisé les renseignements qui vont nous servir à les décrire (1), l'on compte 602 lacs dans les Pyrénées, et ils se répartissent ainsi :

Versant méridional		170 lacs.
Bassin du Sègre	34	
— Noguera-Pallaresa	25	
·· Esèra	69	
— Cinca	4	
— Gallego	36	
— Aragon	2	
	170	
Versant septentrional		332 lacs.
Bassin de la Tet	31	
— de l'Aude	27	
— de la Garonne	231	
— de l'Adour	143	
	432	602 lacs.

(1) Voir Jeanbernat : *Les lacs des Pyrénées* (Bullet. de la S. des Scienc. phys. et nat. de Toulouse, t. I).

Situation. — Sauf quelques rares exceptions, les lacs pyrénéens sont situés dans la partie supérieure des gorges de la montagne. Ils occupent tout ou partie de ces plateaux, séparés par de brusques versants, dont la super-position est le propre de la constitution des vallées de nos montagnes. Quelques-uns sont placés dans les échancrures des cols et peuvent également déverser leurs eaux sur les deux versants opposés : lac du col des Ara-nais, de Poumero, — dans le val d'Aran.

Les lacs sont d'autant plus nombreux que les mon-tagnes ont plus de tendance à s'élever en gradins super-posés, ou à se terminer en larges surfaces planes. Or le granite plus que toute autre roche offre ce caractère ; c'est donc dans les régions où il domine que les lacs sont les plus nombreux : c'est ainsi que le massif du Carlitte en renferme 68, celui de Néouvielle 48, celui des Monts-Maudits 41, etc.

Altitude. — Les lacs des Pyrénées sont particulière-ment nombreux entre les altitudes de 1500 et de 1800 mètres; l'un d'eux atteint la cote de 3173, celui de Coroné qui n'existe plus aujourd'hui.

Forme. — Des plus irrégulières, et dépendant absolu-ment des accidents locaux : quelques-unes possèdent des îlots au milieu de la nappe d'eau : Estañ de Mar, du Montarto, lac Vert près de Luchon.

Dimensions. — En général très petits : presque tous au-dessous de 10 hectares : de 10 à 5 hect. 60, — de 5 à 1 hect. 150. — Les plus considérables sont ceux de Lanoux, 215 m. — Estañ de Mar, 220 m. — Gregonio, 2,685 m. — Packe, 2.600 m.

Profondeur. — Les lacs des Pyrénées sont en général très profonds, et, eu égard à leur faible superficie, cette profondeur est extrèmement considérable. Ainsi, par exemple, le lac bleu de Lesponne, qui ne mesure que 49 hectares de superficie, atteint vers le centre 120 mètres de profondeur. Ce lac bleu et la plupart des autres lacs de la chaîne sont donc de véritables puits aux parois presque verticales, creusés comme à l'emporte-pièce dans le fond des gorges.

Couleur. — Les eaux de nos lacs sont généralement pures et limpides, et leur transparence est parfois si grande, qu'à huit ou dix mètres de profondeur on pourrait compter les cailloux qui gisent au fond. Mais, vues d'une certaine distance et d'un point qui les domine, elles prennent une teinte d'un bleu d'azur magnifique ou d'un vert bleuàtre, passant parfois au vert vif prononcé, et ces couleurs se forment d'autant plus que les eaux sont plus profondes.

Origine. — Tous les lacs pyrénéens n'ont pas la même origine. Les uns, ce sont les plus rares, sont des lacs morainiques, et tous sont situés dans les parties basses des vallées ; trois seulement appartiennent à cette catégorie ; ce sont ceux de Saint-Pé d'Ardet et de Barbazan dans la vallée de la Garonne, tous deux insignifiants par leur étendue très restreinte, enfin celui de Lourdes qui est encore entouré de la moraine, et aux bords duquel de nombreux blocs erratiques indiquent bien l'origine glaciaire.

Ces lacs morainiques ne sont du reste que les descendants bien reduits de ceux de même origine qui existaient à la fin de la période glaciaire, et dont on retrouve les traces dans les grandes vallées pyrénéennes ; je citerai dans la vallée de la Garonne la plaine de Valentine, qui formait en amont de Saint-Gaudens une vaste nappe d'eau traversée par le courant des eaux qui formaient plus bas la Garonne. Plus tard, lorsque la masse d'eau de fonte des glaces eut diminué, le lac de Valentine se dessécha, et il se forma plus haut, à mesure du retrait des glaciers, le lac de Labroquère, dont le lac actuel de Barbazan est le dernier vestige. Il en était de même dans la vallée de Lourdes, et le lac d'Argelès occupa longtemps le fond de cette longue dépression. Enfin je citerai la vallée d'Ossau, dans laquelle il est facile d'observer le même phénomène.

Les autres, ceux situés en haute montagne, sont dus aux mêmes causes qui ont produit la dislocation des couches terrestres ; celles-ci, effondrées, fracturées, relevées, plissées, ont laissé entre elles des crevasses ou des cavités plus ou moins profondes, dans lesquelles les eaux se sont accumulées et ont formé des lacs.

Le comblement de ces lacs s'opère assez rapidement, et M. Belloc a entrepris depuis quelques années une série de recherches qui nous apprendront bientôt quel avenir est réservé à la plupart de ces flaques d'eaux.

Glaciers.

Les glaciers, beaucoup plus que les lacs, sont le point d'origine des grands cours d'eau qui descendent de la montagne ; aussi leur étude doit-elle prendre place immédiatement à côté de celle des lacs.

Glaciers des sommets. — Les glaciers des Pyrénées appartiennent tous, sauf celui du Vignemale, à la

deuxième catégorie admise par de Saussure : ce sont des
glaciers de sommets. Situés à de grandes distances les
uns des autres, ils portent rarement des blocs par suite
de la forte inclinaison de leur surface. Ils ne commencent
point, comme dans les Alpes, par de vastes champs de
neiges, et la formation du névé et de la glace compacte
a lieu jusque dans leurs parties les plus élevées. Ce fait
provient de ce que la fusion de la neige se produit aussi
dans les hautes régions (3,400 mèt.), par suite de l'ardeur
des rayons du soleil méridional de ces contrées ; les
gelées qui se produisent chaque nuit amènent une formation rapide du névé.

La plus grande dimension des glaciers pyrénéens est
généralement transversale, et leurs bords inférieurs sont
presque toujours parallèles aux crêtes contre lesquelles
ils prennent naissance.

Les crevasses sont aussi transversales et parallèles à
leur plus grande largeur ; elles atteignent une grande
étendue par suite de la forte inclinaison de la pente sur
laquelle les glaciers reposent ; mais les accidents provoqués par les abrupts sont rares ; aussi les cascades de
glace ne se rencontrent-elles que sur quelques points. Le
glacier du Vignemale en renferme de magnifiques et séracs,
aiguilles, obélisques de glace y abondent ; nous citerons
également les aiguilles du Gabiétou (fig. 25). Les crevasses les plus remarquables sont des rimayes ; elles
courent parallèlement au bord d'origine du glacier et particulièrement développées dans les glaciers de la région
d'Oo, on peut les regarder comme infranchissables.

Un des caractères spéciaux des glaciers pyrénéens est
la manière d'être des moraines frontales ; la forte pente

FIG. 25. · Aiguilles de glace au Gabiétou.
Dessin de Franz Schrader, d'après nature et sur une photographie (C. A.F .)

de la surface ne permet guère aux rochers qui tombent
des parois environnantes de rester en place, ils glissent
tous immédiatement, et, s'ils ne sont pas arrêtés par des
crevasses, ils gagnent à l'instant le bas du glacier : là ils
forment par leur accumulation un bourrelet qui recouvre
complètement le pied du glacier ; aussi est-il fort rare de
trouver des abrupts de glace comme en présente si souvent la terminaison des glaciers suisses. Les ruisseaux
qui descendent du glacier s'infiltrent sous ces débris et ne
se réunissent qu'à une certaine distance ; ils démolissent
peu à peu la moraine, enlevant le sacle et les débris qui
remplissent les intervalles restés libres, et provoquant
des éboulements qui permettent d'étudier la structure
intérieure des moraines frontales.

Ainsi finissent le plus ordinairement nos glaciers ;
leur extrémité terminale est recouverte par ce bourrelet
rocheux dans toute son étendue : quelquefois cependant
la glace se montre à découvert, et chassant devant elle le
bourrelet morainique, elle forme des parois verticales
creusées d'anfractuosités dans lesquelles naissent de
petits torrents ; mais ce fait est tout exceptionnel, il n'est
pas constant et indiquerait que la marche du glacier est
irrégulière selon les années ; recouvert quand il décroît,
le glacier serait complètement à nu lorsqu'il marche plus
rapidement qu'il ne fond.

Les glaciers les plus importants des Pyrénées sont
ceux de :

La Maladetta, Massif d'Oo, Mont-Perdu, Gavarnie,
Vignemale.

Le glacier de la Maladetta (fig. 26) occupe toutes les
pentes nord du massif de ce nom ; il est divisé en son

Fig. 26. — Massif de la Maladetta.

Dessin de M. de Calmels.

milieu par une crête perpendiculaire à sa plus grande largeur (crête du Portillon). Le glacier du Néthou (est)
mesure 4,300 mèt. (fig. 27).

L'on pourrait encore relier à ces deux glaciers principaux les glaciers moins étendus qui occupent le fond du
cirque des Salenques et de las Moulières qui prolongent
assez avant à l'est la grande nappe de glace du Néthou.

Le versant sud ne possède que des amas de glace sans
importance, derniers restes du glacier qui occupait autrefois la profonde vallée de Gregonio.

La pente générale du glacier du Néthou est de 36
cent. par mètre, mais dans le milieu elle est de 40 cent.,
et au dôme elle atteint 70 cent. ; aussi cette partie néces-
site-t-elle l'emploi du piolet, lors de l'ascension du pic.

Toutes les eaux fournies par les glaces à l'est de la
crête du Portillon viennent se jeter dans un gouffre, le
trou de Toro, situé un peu à l'est du pic de la Rencluse ;
elles reparaissent à 4 kil. dans la vallée d'Artigues-Tellin,
pour fournir une masse considérable à la Garonne. Les
eaux qui naissent du glacier de la Maladetta (ouest du
Portillon) s'engouffrent sous terre à la Rencluse, et
donnent naissance un peu plus bas à la rivière espagnole
de l'Esera.

Les glaciers du massif d'Oo occupent le fond de la
vallée du Lys ainsi que de la vallée d'Oo ; ils viennent
confondre leurs eaux à Luchon dans le torrent de la
Pique. Leur étendue générale est plus considérable que
celle des glaciers de la Maladetta, mais, au lieu d'être
réunis comme les premiers, ils sont au contraire séparés
les uns des autres et ne se relient pas entre eux aussi
directement. Nous réunirons dans ce groupe les glaciers

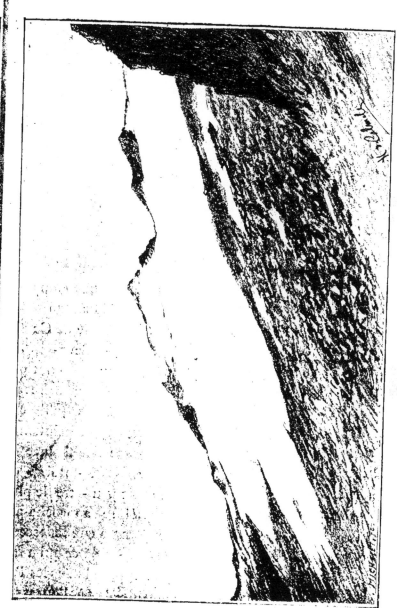

Fig. 27. — Glacier du Néthou.

Dessin de M. de Calmels.

de Boum, de Maupas, des Graoues, des Crabioules, du Passage, du Portillon d'Oo, du Seilh de la Baque et des Gours Blancs ; ils occupent environ 12 kil. de longueur et fournissent tous des eaux à la Garonne. Les crevasses y sont nombreuses ; les pentes de quelques-uns sont tellement fortes, qu'il est impossible de les gravir ; et l'un d'eux, celui du Portillon, présente un magnifique abrupt où la stratification de la masse de glace se voit admirablement.

Les glaciers du Mont-Perdu déversent leurs eaux sur le territoire espagnol, mais ils recouvrent les pentes septentrionales de cette montagne, et ils descendent dans la dépression qui sépare le massif du Mont-Perdu de la chaîne centrale ; il y a ici une analogie presque complète avec ce qui se passe dans le glacier de la Maladetta.

Les hauts sommets qui dominent le cirque de Gavarnie sont occupés par des glaciers : « Ceux-ci, dit M. Russell, chargent les gradins du cirque et n'ont pas de place pour se déployer, mais ils sont très épais, crevassés et d'une belle couleur bleue. Les neiges qu'ils envoient dans le fond du cirque y atteignent au printemps une épaisseur de plus de 100 mètres et toute l'année ils ne cessent d'y lancer des pierres dans l'après-midi. »

Le glacier de Vignemale (fig. 28) est peut-être le plus curieux à visiter dans les Pyrénées. Il se rapproche par ses allures des glaciers des Alpes et comme eux il descend dans la vallée entre deux crêtes élevées. C'est ce qui a fait dire à M. Russell : « Ce glacier est sans pareil dans les Pyrénées. Il descend majestueusement de l'est à l'ouest sur une longueur de 3 kil. avec une largeur de 1,000^m, et vers le bas il est tellement déchiré, bouleversé, chaotique,

que l'on dirait une ville de glace changée en ruines par quelque catastrophe. D'abord, excessivement inclinées et impraticables, ses pentes s'adoucissent vers le milieu, où se dessinent régulièrement des crevasses uniques dans les Pyrénées, larges comme des rues et excessivement profondes. J'y ai mesuré un mur de glace tout à fait vertical de 17 mètres. En haut, c'est une plaine éblouissante de neige. »

Les glaciers pyrénéens sont loin d'atteindre le déve-

FIG. 28. — Le Vignemale, vu du Nord-Est.
Dessin de Schrader (C. A. F.).

loppement de leurs rivaux des Alpes. Le glacier de l'Aar a 8 kil. de long sur 1,450ᵐ de large, et celui d'Alesch, 32 kil. de long (1) ; mais ils ne sont rien en comparaison du glacier de Baltaro dans l'Himalaya, qui a 58 kil. de long sur 4 kil. de large ; le plus célèbre, celui de Humboldt, s'étend au nord de la baie de Baffin et atteint 111 kilomètres.

Pourquoi les Pyrénées ne possèdent-elles pas un plus

(1) Voy. Falsan, *Les Alpes françaises, les montagnes, les eaux, les glaciers*, p.V176.

grand nombre de glaciers, et pourquoi leurs dimensions
sont-elles aussi restreintes? Au premier abord, il semble
naturel d'attribuer ce fait à une cause unique : l'élévation peu considérable de nos montagnes relativement à
celles des Alpes ; mais un simple coup d'œil jeté sur la
carte de la Suisse montre bientôt que cette cause n'est
que secondaire. En effet, le massif du Mont-Blanc est
de beaucoup le plus élevé de toute la chaîne des Alpes ;
il domine de plus de 1,000^m nos plus hautes cimes pyrénéennes, et cependant ce n'est pas là qu'il faut aller chercher les glaciers les plus étendus, mais dans les Alpes
Bernoises, témoin le glacier d'Alesch qui descend sur
le revers méridional de la Jungfrau et constitue le plus
considérable des glaciers suisses.

Les grands glaciers sont situés au-dessus d'une certaine
limite qui doit être d'au moins 2,700^m dans les Alpes.
C'est parce que les cirques de Giébel en Suisse, de Gavarnie dans les Pyrénées, ne sont pas à une hauteur suffisante qu'ils ne donnent pas naissance à des glaciers
de premier ordre ; d'où il faut conclure que tandis que
ces derniers sont un phénomène de climatologie purement et simplement, les grands glaciers sont un phénomène mixte à la fois orographique et climatologique.
(Agassiz.)

Anciens glaciers. — Mais si les glaciers n'occupent
dans les Pyrénées actuelles qu'une faible étendue, ils ont
eu autrefois une importance considérable. Il n'existe pas,
en effet, une seule vallée dans laquelle il ne soit possible
de retrouver des traces glaciaires. Des bords de la Tet
aux bords de la Nive, un vaste manteau recouvrait au-

'trefois la chaîne entière. Les vallées des Vosges, des Alpes, des Pyrénées, ont été occupées pendant l'époque quaternaire par d'immenses glaciers qui descendaient jusque dans les plaines voisines.

Un des plus grands glaciers anciens du versant nord des Pyrénées est celui de la vallée d'Argelès, que Charles Martins et Collomb ont décrit en 1868. Sa longueur totale aurait été de 53 kil. et sa pente moyenne de 0,039 par mètre, pente générale qui concorde avec celle que l'on constate sur un grand nombre de glaciers actuels. Jusqu'à présent le glacier d'Argelès est le seul qui ait été étudié dans tous ses détails ; plusieurs observateurs, et notamment le général de Nansouty et M. Garrigou (1), ont cru reconnaître plus avant dans la plaine de Tarbes des dépôts formés par ce même glacier.

Dans toutes les vallées des Pyrénées, les dépôts qui en occupent le fond, quoique reposant sur des roches polies, contiennent peu de cailloux rayés ; nous constaterons encore que, dans les moraines actuelles, les cailloux rayés sont extrêmement rares, ce qui provient sans doute de l'uniformité de composition des roches sus et sous-jacentes. Ces dépôts du fond des vallées, dans bien des points où leur origine glaciaire est incontestable, présentent toutefois un mélange de caractères essentiellement diluviens ; de là, difficulté d'attribuer à l'un ou à l'autre de ces deux agents, *glaces* ou *eaux courantes*, les dépôts que l'on a sous les yeux.

La fonte des anciens glaciers a dû continuer pendant un temps considérable ; elle semble même se diviser en

(1) Voir page 94.

trois périodes dont la plus ancienne aurait été de beaucoup la plus importante; c'est elle qui, démantelant les
immenses moraines déposées par les glaciers à leur entrée
dans les vastes plaines sous-pyrénéennes, a comblé le
fond des vallées jusqu'à une grande hauteur (60 mètres
au niveau de Léguevin, dans la vallée de la Garonne).

Une seconde période moins tumultueuse, plus lente dans
ses effets, a plus tard affouillé ce dépôt primitif, creusant un
nouveau lit, dont les berges étaient formées par les dépôts
primitifs; une troisième phase a produit l'état actuel.

Nous signalerons les traces les plus remarquables que
les glaciers ont laissées dans les vallées du versant nord de
la chaîne.

Dans le massif du Canigou, la vallée de la Tet offre
des traces glaciaires abondantes; celle du Tech, plus à
l'est, contient de nombreux dépôts, depuis l'angle formé
par la crête de Roja, le pic de Costabona et la crête du
Tech; jusqu'à Céret il est facile de constater la présence
d'un ancien glacier.

C'est dans cette vallée que j'ai constaté l'existence de
dépôts glaciaires d'âge tertiaire. J'ai annoncé cette découverte à l'Académie des sciences, le 26 avril 1875.

J'ai cherché à reconstituer les anciens glaciers de ces
montagnes, et j'ai indiqué d'une manière sommaire les
points du versant nord de la chaîne où l'on peut reconnaître des dépôts glaciaires. Dans cette énumération, je
n'ai pas distingué de dépôts d'âges différents.

Jusqu'alors en effet (juin 1874), d'un bout à l'autre du
massif central des Pyrénées, le plus riche en dépôts glaciaires, je n'avais pu observer la moindre variation. Mais,
dans l'opinion de quelques géologues, il y aurait eu deux

périodes glaciaires dans les Pyrénées, et la plus ancienne
remonterait à l'époque tertiaire.

Les dépôts glaciaires de la chaîne centrale arrivent rarement à recouvrir les couches tertiaires, et jamais ils ne
rencontrent les termes les plus élevés de la série. Il ne
restait donc qu'une seule condition pouvant entraîner
quelques modifications dans les dépôts glaciaires : c'était
de trouver en contact le pliocène et le glaciaire.

En mars 1875, j'ai pu rencontrer des points de contact
entre le pliocène et le glaciaire. Mes observations ont
porté sur la partie inférieure de la vallée du Tech. En
face du village du Boulou s'étend une magnifique moraine, moraine des Trompettes, dernier reste du dépôt
gigantesque qui barrait la vallée et que les eaux du Tech
ont peu à peu démantelé en produisant des coupes naturelles d'une netteté parfaite.

Une coupe naturelle en face du moulin de Roué (usine
à talc) montre les dépôts glaciaires reposant sur des
marnes bleues fortement relevées vers le nord-nord-
ouest, et se reliant aux dépôts pliocènes de Nidolères et
de Banyuls.

Si l'on remonte le cours du Tech jusqu'au village de
Boulou, on se trouve en présence d'un escarpement de
près de 30 mètres d'élévation, tout entier composé de
matériaux de transport (fig. 29) ; les marnes bleues n'apparaissent pas en ce point. Ce dépôt est composé de deux
parties assez nettement séparées. En bas, fragments à
angles vifs, la plupart granitiques, presque tous décomposés quand leurs dimensions sont restreintes ; enfin
coloration générale blanchâtre. Dans les parties supérieures, au contraire, coloration générale rougeâtre, gra-

TRUTAT. — Les Pyrénées.   6

nites intacts, angles plus émoussés; mais, dans le haut
comme dans le bas, gros blocs irrégulièrement posés et
cailloux rayés. Enfin, dans les deux parties, des bandes
de boues donnent une apparence de stratification à la
masse tout entière et en facilitent l'étude.

Cette coupe marche est-ouest, mais un coude brusque
de la rivière ramène sa direction nord-sud et permet ainsi
d'étudier ce dépôt dans deux directions perpendiculaires.
Dans cette seconde partie, la portion inférieure du dépôt
est fortement relevée ; et cela dans la même direction que
les marnes bleues des Trompettes. Ce relèvement ne
pouvait être accidentel, car son orientation le reliait aux
couches pliocènes. Effectivement mes recherches m'ont
fait voir dans le ravin inférieur de Nidolères les couches
relevées du glaciaire ancien supportant les marnes bleues
fossilifères de Nidolères, marnes dont l'âge est parfaitement connu et qui appartiennent au pliocène. Il me
semble dès lors impossible de refuser aux Pyrénées deux
époques glaciaires. Mais si, dans le massif du Canigou,
par suite du mouvement postpliocène, il est facile de
distinguer deux périodes glaciaires, en l'absence même
des couches pliocènes, il reste à trouver d'autres caractères distinctifs, car il semble établi que, depuis le dépôt
des couches miocènes, rien n'est venu déranger l'hori-
zontalité des terrains récents qui viennent s'appuyer sur
les dernières pentes des Pyrénées.

Enfin la position du glaciaire ancien de Nidolères, au-
dessus des marnes pliocènes, nous oblige à regarder
comme tertiaire la première époque glaciaire des Pyrénées.

Dans la vallée de la Tet, il faut remonter au massif du

Fig. 29. — Moraine du Boulou (Pyrénées-Orientales).

Dessin de M. de Calmels.

Carlitte pour retrouver le point d'origine d'un grand glacier qui a largement moutonné et poli le plateau de
Montlouis (grande Bouillouse). Il s'est déversé ensuite
au sud dans la grande vallée de la Sègre par les Escaldes
et Puycerda, dans celle de la Tet par Olette et Villefranche, et a porté ses moraines jusque dans la vallée de
Prades, où venait aboutir le petit glacier latéral des pentes
nord du Canigou. Il est relié par son point d'origine au
massif central des Pyrénées, car c'est au pied du Carlitte
qu'il prenait naissance. De ce même point partait aussi
un glacier moins important qui remplissait la haute
vallée de l'Aude et passait par Formiguères et Puy-Vala-
dor, pour se joindre plus bas au petit affluent latéral de
Sainte-Colombe.

La vallée de l'Ariège, au contraire, contenait un glacier
énorme qui prenait naissance au cirque de l'Hospitalet
et réunissait de nombreux affluents latéraux : à l'est ceux
du Pic Lanous et ceux des petites vallées qui dominent
Ax ; à l'ouest ceux de la vallée d'Aston et de la vallée de
Vic de Sos plus importants. La masse entière gagnait
Foix et venait étendre ses dépôts dans la plaine jusqu'aux
environs de Pamiers, après avoir parcouru environ
70 kilomètres.

En étudiant les traces de ce glacier de l'Ariège et en
relevant les nombreux blocs erratiques qui couvrent le
grand plateau qui vient se terminer au niveau de Tarascon, et que limitent l'Ariège et le torrent de Vic de Sos,
j'ai été amené à constater le passage du glacier dans l'intérieur de la grotte de Lombrives.

Déjà cette grotte a fourni de précieux documents pour
l'histoire de l'homme primitif, et ses premiers explora-

teurs, MM. Rames, Filhol et Garrigou, ont signalé dans
la galerie supérieure des érosions, des dépôts de sable,
de cailloux roulés qu'ils attribuèrent à une action dilu-
vienne. Plus tard, M. Noulet reconnut que ces matériaux
de transport provenaient d'un dépôt glaciaire qui couvre
le plateau supérieur d'Albieck. Une étude attentive des
parois de la grotte me permet d'avancer que les glaces
sont passées dans la grotte, et que c'est à elles que sont
dues les érosions que je vais décrire.

L'entrée actuelle de la grotte est située sur le flanc de
la montagne qui fait face aux bains d'Ussat ; en ce point
les parois sont abruptes, et tout indique qu'un éboulement
relativement récent a profondément modifié la conformation ancienne de la montagne. Un immense talus de
débris s'étend de cette surface d'arrachement aux bords
de la rivière. Les travaux entrepris pour l'établissement
de la voie ferrée ont largement entamé en divers points
ces éboulis, et j'ai ainsi constaté qu'ils reposaient sur des
roches moutonnées et polies sur lesquelles on trouve également des blocs erratiques, ceux-ci s'élevant assez haut
sur les flancs de la montagne. jusqu'au niveau de la grotte.

A l'entrée principale, dans une cavité latérale appelée
la Fosse, on aperçoit une série de blocs erratiques enchâs-
sés dans une cavité du calcaire dans lequel la grotte est
creusée; l'un de ces blocs mesure près de 9 m.c. A 200 m.
environ de ce point, s'ouvre en aval une seconde ouverture, reliée à la première par une galerie spacieuse
(Caugne de la Poupe), grotte de la Mamelle, et des blocs
erratiques assez nombreux, souvent volumineux, sont
épars sur le sol de ce couloir, au milieu de blocs calcaires
tombés du plafond.

Tous ces blocs semblent avoir été introduits par les ouvertures qui donnent sur la vallée de l'Ariège, et leur composition lithologique est la même que celle des blocs déposés sur le flanc de la montagne.

A 350 m. environ de l'entrée, on se trouve en présence d'un escarpement élevé de 15 m. environ, et situé à 45 m. au-dessus de l'entrée principale : c'est le passage des Echelles. Là on peut constater la présence de deux grands blocs granitiques : l'un d'eux est enchâssé dans une sorte de marmite creusée dans le calcaire. Au-dessus de ce point, et après le passage du lac, les blocs granitiques deviennent de plus en plus nombreux, et en certains points ils forment des amoncellements au milieu de la galerie. Tous sont de gneiss granitoïde, et quelques-uns atteignent un volume de 2 m.c.

Rien ne permet d'établir que ces blocs de la galerie supérieure aient été déposés à la place qu'ils occupent par un autre agent que par les eaux.

Mais un peu plus loin, à 1400 m. environ de l'entrée du défilé, j'ai constaté sur les parois polies du souterrain, des traces qui ne peuvent laisser de doute : ce sont bien des coups de gouge produits par la glace.

Ces traces présentent les caractères suivants : une rainure de 0 m. 02 à 0 m. 08 de large commence peu à peu dans la roche (calcaire marmoréen de structure très homogène), et se termine brusquement par un ressaut : le coup de gouge.

Un peu plus loin, dans une partie du défilé qui monte rapidement, ces mêmes coups de gouge sont inclinés ; mais l'angle qu'ils forment avec l'horizon est beaucoup

plus aigu que celui de la galerie elle-même ; il y avait là
une chute brusque du glacier.

J'ai photographié ces parois, en les éclairant au magnésium, et il est facile de constater sur les épreuves ainsi
obtenues, les caractères typiques du passage de la glace.

A l'époque où s'est produit ce phénomène, le glacier
de l'Ariège devait présenter une physionomie singulière ;
car deux bras marchaient parallèlement à une altitude
différente. L'un glissait dans la vallée de l'Ariège, atteignait le niveau des ouvertures de la grotte, pénétrait dans
la grande grotte pour aller ressortir un peu plus bas, en
abandonnant des blocs erratiques dans ce parcours souterrain. L'autre bras, plus élevé de 300 m., couvrait le
plateau d'Albieck, après avoir reçu le rameau du cirque
de Bouan.

Lors de sa plus grande extension, cette branche supérieure d'Albieck devait s'arrêter sur le bord du plateau
sans descendre dans la vallée de Vic de Sos, et c'est probablement alors qu'il envoyait, par une ouverture aujour-
d'hui obstruée, le bras souterrain qui remplissait la grotte
de Lombrives.

Plus tard, lors du retrait des glaces, les eaux provenant
du glacier s'engouffraient dans ce même souterrain et déposaient des sables, de menus galets qui garnissent encore
les galeries supérieures de Lombrives. Il se produisait
alors un fait analogue à celui que nous voyons aujour-
d'hui au pied des glaciers de la Maladetta ; là, en effet,
les eaux provenant du glacier du Néthou vont se réunir
dans le trou de Toro, pour reparaître dans la vallée
d'Aran, et les eaux qui descendent du glacier de la Maladetta pénètrent sous terre au gouffre de la Reneluse,

pour revenir au jour dans la vallée de l'Esera (1).

Dans cette même vallée de l'Ariège, au niveau de Pamiers, M. le docteur Garrigou a signalé un dépôt glaciaire de l'époque miocène.

Déjà en 1870 M. l'abbé Pouech remarquait que la base du miocène de l'Ariège renfermait un dépôt de blocs énormes d'apparence glaciaire ; et plus tard M. le docteur Garrigou (1873) écrivait : « L'étude de la base de cette

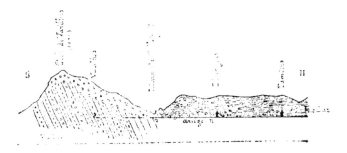

F̲IG. 3o. — Coupe de Varilhes.

partie du terrain tertiaire, faite tout le long des Pyrénées, m'a conduit à reconnaître dans ce dépôt les restes d'une immense moraine frontale sur laquelle se sont déposés les divers éléments stratifiés du terrain miocène. Et en effet, en suivant pas à pas ces dépôts, j'ai pu faire la série suivante d'observations.

A Varilhes (fig. 3o), dans l'Ariège, le dépôt de blocs anguleux et roulés de plusieurs mètres cubes de volume, englobés dans une argile plus ou moins compacte, est ainsi composé :

1º Du Pech de Varilhes à Rieux de Pelleport, dépôt

(1) E. Trutat, Comptes rendus de l'Académie des sciences.

glaciaire à blocs granitiques, d'autant plus anguleux et énormes qu'on se rapproche de la base du Pech. Vers le sommet les blocs sont roulés, et ils forment une véritable alluvion de cailloux roulés plus ou moins volumineux.

2° A Rieux de Pelleport, en remontant la route de Pailhès, on voit dans les tranchées un dépôt de blocs granitiques roulés et décomposés.

3° En allant de Rieux au sommet des coteaux situés au nord, on rencontre les mêmes blocs allant en diminuant de volume, depuis la base jusqu'au sommet de la colline. Des argiles orangé rougeâtre commencent à se montrer. En suivant le flanc du coteau vers le nord, on voit, à mesure que l'on avance vers Pamiers, des niveaux de cailloux quartzeux parfaitement horizontaux, alternant avec des couches d'argiles; ils sont empruntés aux couches indiquées ci-dessus.

4° A Bénagues, dans l'endroit où l'Ariège forme une anse, bordée sur la rive gauche par des escarpements argileux, les blocs se montrent de nouveau, et on les voit surmontés d'une épaisse couche de blocs roulés et fortement serrés entre eux. Cette couche, tranchée à pic dans l'escarpement, produit un effet très pittoresque. A mesure que l'on s'éloigne de Pamiers, les argiles rouges diminuent et sont remplacées par des calcaires grézeux et grossiers, alternant toujours avec de petits cailloux quartzeux.

Ces argiles et ces calcaires renferment des débris de carnassiers, de rongeurs, de ruminants, retrouvés par moi un peu au nord de Pamiers, et qui appartiennent au *Dicroceras elegans*, à des rongeurs de la taille du castor, à des carnassiers du genre *Viverra* et à de plus volumineux encore, enfin à un cerf d'assez grande taille. Il n'est donc pas possible d'avoir des doutes. C'est bien le miocène qui repose sur ce dépôt glaciaire. »

M. Garrigou a également reconnu l'existence de ces couches à éléments anguleux, sous-jacents à des couches tertiaires, au pont de fer entre Tarascon et Bonpas. « A mesure que l'on se rapproche de ce dernier village, en suivant la rive gauche de l'Ariège, on voit ces bancs se redresser en plongeant au sud : les couches les plus inférieures sont formées par un cailloutis très compact, au milieu duquel on voit des blocs anguleux. Ces derniers atteignent des dimensions considérables dans le ravin situé sur la même rive, un peu au nord-ouest de Bonpas.

D'autre part, en remontant la vallée de Saba et jusqu'à l'entrée de la vallée de Niaux, on voit le même terrain se dégager de dessous les dépôts glaciaires de la seconde époque, en plongeant au nord ; et, du milieu des bancs de conglomérats, se dégagent de gros blocs anguleux (1). »

Si de la vallée de l'Ariège nous passons dans la vallée de la Garonne, nous trouvons les mêmes phénomènes, encore plus développés. La dimension de la moraine est ici énorme. Elle occupe toute la base du plateau de Lannemezan, présentant dans la partie la plus inférieure les blocs erratiques, et dans la partie supérieure les argiles rouges alternant avec les gros cailloux quartzeux, le volume de ces cailloux diminuant à mesure que l'on avance vers le nord.

Cette immense moraine miocène, également recouverte d'abord par des argiles, se cache ensuite sous des calcaires

(1) *Bull. de la Soc. Géol. de France,* 2e série, t. XXIV, p. 77, séance du 15 avril 1867.

grossiers et des marnes, comme dans l'Ariège ; et le développement de ceux-ci va en croissant, à mesure que l'on
descend du plateau de Lannemezan dans la plaine. Ce
sont ces calcaires, argiles et masses du miocène, qui renferment cette faune si riche de Sansan, dont la description
tion a rendu illustre notre vénéré maître Edouard Lartet (1).

Entamée par le passage de la Garonne, à une époque

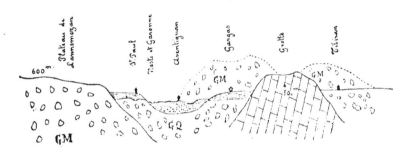

Fig. 31. — Coupe de Gargas.

bien postérieure à sa formation, cette moraine miocène
du plateau de Lannemezan a servi d'assise à une moraine
bien plus récente, bien moins développée, à laquelle font
suite les alluvions anciennes (quaternaires) de la Garonne.
En effet, on voit entre Tibiran, Saint-Paul, Saint-Vincent,
la coupe suivante (fig. 31).

Au nord la moraine miocène s'élevait jusqu'à plus de
600 mètres de hauteur, et atteignait presque 700 mètres
en certains points. Autrefois, cette moraine recouvrait au
sud presque tout le pays, ainsi que le prouvent les lam-

(1) E. Lartet. — *Notice sur la colline de Sansan*, Auch, 1851.

beaux de moraine laissés par les érosions aux environs.

Entre le mamelon crétacé inférieur de Tibiran et la moraine miocène G. M., l'eau s'écoulant en abondance du glacier primitif a creusé un lit de fleuve dans lequel s'est déposée plus tard la moraine quaternaire G. Q., par suite d'une nouvelle extension des glaciers. Ce glacier quaternaire, après avoir déposé la moraine frontale G. Q., se fondait et produisait un fleuve, la Garonne, dont les alluvions font immédiatement suite à la moraine. Or, ces alluvions, contenant les débris d'une faune caractérisée par l'*Elephas primigenius*, le grand ours (fig. 32) et d'autres vertébrés, et de plus, par toute la faune de Gargas, ne peuvent être que quaternaires. Ce fait nous permet donc de dire que la grande moraine sur laquelle reposent la moraine récente et les alluvions à faune quaternaire, est bien d'une époque antérieure à cette faune. Je l'avais crue un moment pliocène, mais l'ensemble de mes recherches m'a fait voir qu'elle était réellement miocène.

En passant dans la vallée de l'Adour et dans la plaine de Tarbes, nous retrouvons exactement les mêmes phénomènes que dans la vallée de la Garonne et dans celle de l'Ariège. Ici les phénomènes glaciaires de l'époque miocène paraissent même avoir laissé des traces s'étendant plus loin encore dans la plaine que nous ne l'avions vu jusqu'à présent.

En effet, si du sommet des montagnes au nord de Lourdes nous faisons une coupe géologique vers le nord, nous voyons, en faisant passer cette coupe à travers la plaine de Tarbes, par les mamelons de Juillan, les faits qui suivent (fig. 33).

1º Au sud du lac de Lourdes, jusqu'à une hauteur de plus de 700ᵐ au-dessus du niveau de la mer, sont des blocs erratiques.

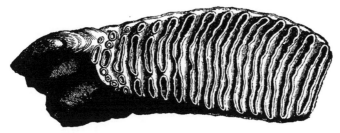

Fig. 32. — Elephas primigenius (Blum.).

2º En descendant vers la ferme de M. Fould, ces blocs existent toujours, mais on les voit recouverts insensiblement par des blocs de plus en plus roulés, se limitant vers la surface.

Fig. 33. — Coupe de Lourdes.

3º Plus on avance vers le nord, plus les éléments roulés de la surface diminuent de volume, et plus les argile rouge orangé se trouvent mélangées en couches à des cailloux roulés. Les gros éléments roulés ne se retrouvent qu'en descendant verticalement dans la masse, et les blocs erratiques ne se rencontrent que tout à fait à la base. Plus on avance vers la région de Tarbes, plus le phénomène alluvien se trouve développé en épaisseur, et les plus gros cailloux, ainsi que les plus gros blocs, ne se rencontrent que dans les profondeurs du sol. Bientôt dans la plaine au nord de Tarbes, formant le plateau supérieur, on trouve que les argiles rouges ont disparu et ont été remplacées, comme dans l'Ariège et dans la Haute-Garonne, par des calcaires grossiers et des marnes. Au nord de Bagnères-de-Bigorre, à Orignac, les argiles renferment, avec un gisement de lignites exploités, des fossiles miocènes nombreux (mastodonte, dinotherium, dicrocere, etc.)

Dans le milieu de la plaine, entre Adé et Tarbes, à Juillan (fig. 33), une série de mamelons G. M. (glacier miocène), traversés par le chemin de fer, sont constitués, en grande partie, par la portion remaniée et roulée de la moraine, et en partie par la moraine elle-même. Les alluvions quaternaires forment des couches horizontales du sein desquelles semblent s'élever les coteaux de Juillan.

Avant d'aller plus loin, nous devons nous arrêter sur la coupe suivante recueillie à Adé un peu au nord de Lourdes (fig. 34). Cette coupe montre la position et la composition des moraines étudiées par MM. Collomb et Martins et décrites par ces savants comme moraine quaternaire du glacier de Lourdes. Il y a eu là une erreur commise par ces éminents géologues, erreur que du reste M. Collomb s'est empressé de reconnaître.

En effet, il y a là, comme dans la vallée de la Garonne à Saint-Paul, deux moraines enchevêtrées l'une dans l'autre. La moraine frontale miocène, entamée après sa formation par un cours d'eau provenant de la fonte du glacier miocène, a présenté au glacier quaternaire un lit naturel dans lequel il est venu s'engager, et où il a déposé sa moraine, qui présente, de même que celle de Saint-Paul, une couleur différente de la moraine miocène. Tandis que celle-ci est rouge orangé, la moraine quaternaire est généralement grise. Il est aisé de les distinguer à première vue (1). »

Une série de glaciers moindres descendaient des crêtes

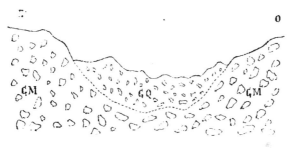

Fig. 34. — Coupe d'Adé.

qui dominent le Saint-Gironais ; et les rivières du Salat et du Lez marquent assez bien leur parcours.

Glacier de la Garonne. — Nous signalerons le grand glacier de la Garonne, parmi ceux qui ont occupé le versant nord des Pyrénées. Sa longueur était à peu près celle du glacier ariégeois, 70 kil., mais à en juger par la masse des dépôts qu'il a laissés dans la plaine et par les hauteurs qu'il a recouvertes, celui-ci était le plus important.

(1) Garrigou, *Carte géol. d'une partie des Pyrénées* (Bull. de la Soc. géol. de Fr. 1873, p. 435 et s.)

Son point d'origine devait se trouver au fond de la vallée d'Aran, au col de la Ratière ; l'immense étendue du cirque de Viella devait lui former un vaste réservoir de neige. Au niveau de Saint-Béat, son épaisseur était telle, qu'au moment de sa plus grande extension, il passait par-dessus les montagnes situées à l'est du pic du Gard et arrivait directement à Saint-Gaudens, laissant comme traces de son passage, des roches polies et des blocs erratiques. A Saint-Béat, il s'infléchissait aussi vers la gauche et venait confondre ses glaces avec celles du grand affluent de la vallée de Luchon, qui amenait tout le contingent de la vallée d'Oo (fig. 35) et de la vallée du Lys. Plus bas, au niveau de Saint-Bertrand, il recevait le petit affluent de la Barousse et rejoignait le grand glacier de la vallée d'Aure pour former dans la plaine une immense muraille de plus de 5o kil. de long. Mais ces glaciers ont encore communiqué à une période de leur existence avec ceux de la Maladetta par le port de la Picade et le chaînon de Pouméro. Nous avons pu suivre une traînée de blocs de granite du Néthou depuis le port de la Picade jusque dans le fond de la vallée d'Aran ; c'est là une des relations les plus curieuses du glacier de la Garonne. Ces masses de glace une fois réunies ont entraîné une quantité de débris qui ont comblé la vallée tertiaire de la Garonne, et c'est principalement dans cette vallée que l'on a signalé les phénomènes des *terrasses*. Voici du reste comment Leymerie a décrit cette formation :

Terrasses de la Garonne. — « Le phénomène des terrasses ne commence à se manifester clairement qu'à Saint-Gaudens sous la forme d'un plateau d'une hori-

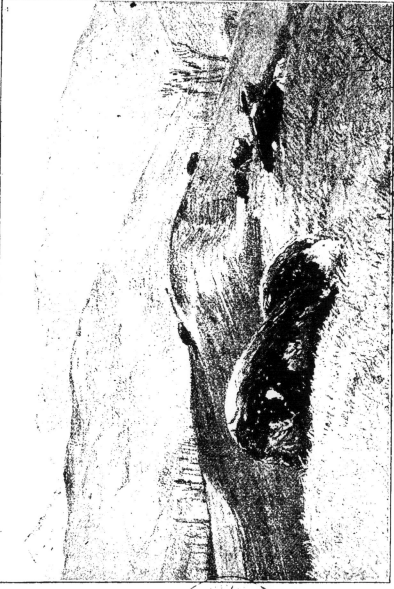

Dessin de M. de Calmels.

Fig. 35. — Moraine d'Oo.

zontalité parfaite, qui s'étend à gauche de la vallée proprement dite jusqu'à la base des coteaux tertiaires. Plus loin, à Beauchalot, ce plateau se trouve interrompu sur la rive gauche pour se porter momentanément à droite, et ne reprend d'une manière marquée du côté gauche qu'à Martres. A partir de ce point, il s'établit dans la vallée, et toujours à la gauche du fleuve, trois niveaux en forme de plaines qui se continuent jusqu'au confluent du Tarn. L'un, le plus inférieur, est celui de la vallée proprement dite ; le plus élevé correspond au plateau de Saint-Gaudens.

« Dans le pays Toulousain, ces trois niveaux sont très marqués, et en général le phénomène diluvien s'y montre dans toute sa splendeur. La ville de Toulouse, située sur la rive droite de la Garonne, repose elle-même sur une légère éminence du terrain diluvien, qui n'est sans doute qu'un témoin d'une ancienne bordure qui dépendait de notre niveau intermédiaire ; toutefois les terrasses ne se manifestent pas de ce côté, où l'on ne trouve que des escarpements molassiques ; tout leur développement a lieu du côté gauche où elles s'étendent au loin jusqu'à plus de cinq lieues. Voici leur largeur et leurs altitudes :

	Largeur.	Altitude.	Différ.
Terrasse supérieure (Léguevin)	11,000 —	180	28
— inférieure (Lardenne)	5,000 —	152	
Vallée propr. dite (St-Cyprien)	4,000 —	140	12
Vallée générale.	20,000		

« Ces plaines élevées (terrasses) sont constituées par une couche de graviers et de cailloux roulés, en général pugillaires et même céphalaires, accompagnés d'un dépôt

terreux et sableux qui s'y mêle ou qui les recouvrent
en proportions variables. La puissance de ces dépôts
supérieurs est ordinairement de 3 à 6 mètres ; ils recouvrent le terrain tertiaire. Les cailloux sont principalement des quartzites de couleur brune ou noirâtre à la
surface, mais gris à l'intérieur, des parties dures de grès
noirs anciens (grauwackes) et de grès rouge, du granite

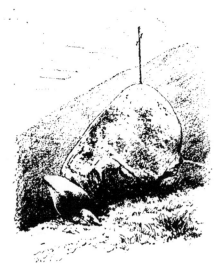

Fig. 36. — Le Cailhaou d'Arriba-Pardin (Moraine d'Oo).

toujours en décomposition. Le *quartz* aussi se rencontre
dans ce dépôt, mais moins fréquemment que les roches
précédentes. Dans la vallée proprement dite, on retrouve
encore les cailloux des terrasses associés à d'autres espèces qui se montrent plus rarement aux niveaux supérieurs (ophite, porphyre, eurite). Le granite et ses variétés (pegmatite, leptinite), presque toujours intact, joue
là un rôle tout à fait essentiel. »

Ces terrasses sont très marquées dans la vallée de l'Adour; mais il est bien plus étonnant d'avoir à constater leur existence, en nombre égal, dans les bassins de la Somme, du Doubs, de la Charente et dans la vallée du Rhin.

Glacier de la vallée d'Aure. — Le glacier de la vallée d'Aure était remarquable par sa direction rectiligne et par la quantité considérable de dépôts qu'il a transportés dans la plaine et qui sont hors de proportion avec son étendue. Sa longueur jusqu'à son entrée dans la plaine était de 40 kilomètres environ; mais il a porté ses dépôts bien plus avant; nous lui attribuons en partie la configuration du plateau de Lannemezan.

Contrairement à ce qui arrive toujours dans les anciennes moraines des Pyrénées, ces dépôts sont infertiles; ils ont formé les landes de Lannemezan, et cela sans doute à cause de la composition minéralogique des éléments qui le constituent.

A la base de ce dépôt, M. le docteur Garrigou a constaté la présence de couches glaciaires qu'il regarde comme tertiaires et de même âge que celle de la vallée de l'Ariège.

Le pic du Midi de Bigorre a dominé longtemps les petits glaciers de Tramezaïgues; il en a été de même de celui d'Argelès dont nous avons parlé.

Glaciers des Basses-Pyrénées. — Continuant notre marche vers l'Océan, nous trouvons la vallée des Eaux-Chaudes qui donne à Arudy de magnifiques traces glaciaires jusqu'à Rébenac.

La vallée d'Aspe contient des dépôts manifestement glaciaires jusqu'à Oloron, et les alentours du fort d'Urdos offrent de beaux exemples de parois striées. Au delà, les phénomènes perdent de leur importance ; nous pouvons en constater d'analogues dans la vallée de Mauléon et dans la vallée de la Nive, où le général de Nansouty a reconnu une magnifique moraine à Cambo.

Toutes les localités que nous venons d'énumérer portent des traces identiques à celles que Martins et Collomb ont signalées dans la vallée d'Argelès ; aussi pensons-nous appliquer, à chacune d'elles en particulier, leurs conclusions.

En étudiant les traces que ce glacier a laissées sur le sol, nous avons vu qu'il se comportait comme tous les glaciers actuels connus : il transportait des matériaux d'un fort volume et en même temps de menus débris, que nous trouvons sous forme de moraines, exactement à la place qui leur est assignée par les lois constatées du mouvement de translation des glaciers, et en affectant une disposition qui exclut tous les autres modes de transport naturels. En même temps ce glacier a usé, buriné les roches résistantes avec lesquelles il s'est trouvé en contact ; puis, en troisième lieu, les boues produites par ce frottement continu de la glace contre la roche, entraînées par les eaux de fonte et les torrents glaciaires, ont contribué à former la matière première de ce loess qui couvre au loin la plaine bien au delà du périmètre occupé par l'ancien glacier.

Ainsi, transport des blocs, usure des roches, et formation du loess, sont trois phénomènes contemporains, synchroniques, provenant d'une seule et même cause.

La plupart des auteurs qui ont décrit le diluvium et les blocs erratiques sous-pyrénéens, ont été dans l'erreur lorsqu'ils en ont attribué l'origine soit à des courants violents, soit à des masses boueuses chargées de blocs gigantesques, courants provenant de la fonte subite des neiges, occasionnée par des gaz qui se seraient fait jour lors de l'apparition des ophites. Il est au contraire démontré que le transport de tous ces matériaux s'est effectué avec une extrême lenteur; il suffit de jeter un coup d'œil sur la coupe d'une moraine fraîchement mise à nue par une tranchée de chemin de fer, comme celle d'Adé, pour voir que cet ensemble de débris n'est point le résultat d'un cataclysme; il n'y a rien eu de violent dans son mode de translation et de dépôt; il en est de même des blocs semés à profusion sur les collines qui entourent le lac de Lourdes, la plupart ont leurs arêtes vives et leurs angles aigus. Un glacier, sans l'intervention de courants d'eau ou de boue, peut seul expliquer leur transport et leur position actuelle. (Martins et Collomb.)

CHAPITRE II

GÉOLOGIE.

I. — Constitution géologique des Pyrénées.

La constitution géologique des Pyrénées a souvent exercé la sagacité des géologues, et si l'accord n'est pas encore complet sur certaines attributions de terrain, l'on peut dire aujourd'hui que les Pyrénées, surtout en ce qui concerne le versant français, sont connues d'une façon très suffisante sous le rapport géologique.

Les premiers explorateurs ont signalé les difficultés d'étude qu'ils avaient rencontrées, et Durocher écrivait en tête de son *Essai sur le terrain de transition :* « Plusieurs circonstances rendent ces études très difficiles ; les roches sont extrêmement contournées et leur disposition primitive a été très dérangée par les superpositions de plusieurs soulèvements. »

A cela il convient d'ajouter que le métamorphisme a

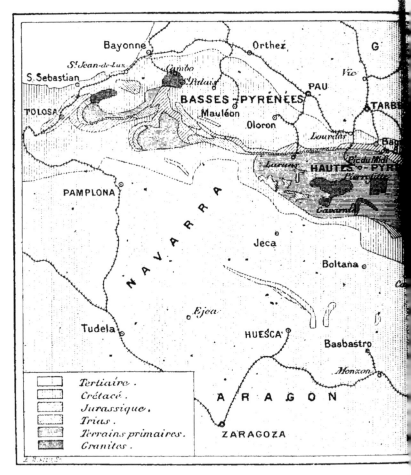

FIG. 37. — Carte g

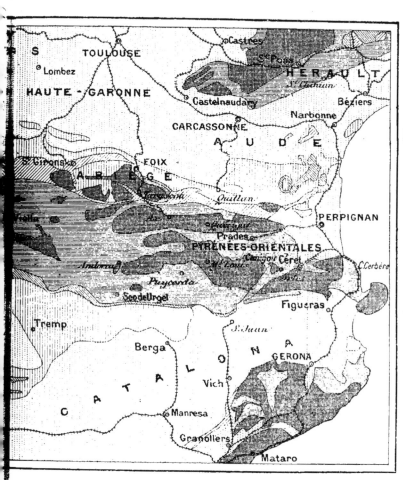

e des Pyrénées.

profondément modifié nombre de terrains, et que la
rareté de débris organiques de la plupart des couches rend
difficile la détermination de l'âge de dépôts importants.

Enfin les parties élevées des Pyrénées ne sont abor-
dables que pendant quelques mois : leur exploration
oblige souvent à coucher à la belle étoile, toutes circonstances peu faites pour attirer les travailleurs.

Malgré cela, les Pyrénées, regardées souvent comme
indéchiffrables, et laissées de côté, pour ainsi dire, ont
été l'objet de travaux importants, et dans ces derniers
temps une armée de travailleurs a pris à tâche de dé-
brouiller ce chaos, et peu à peu la lumière s'est faite.

Mais il faut remonter jusqu'au siècle dernier pour
trouver les premiers géologues qui se soient occupés des
Pyrénées : en 1781, Palassou publie son *Essai sur la
minéralogie des Monts Pyrénées,* et plus tard, de 1815 à
1821, trois volumes de *Mémoires pour servir à l'histoire
naturelle des Pyrénées.* Ramond en 1789 publiait, de
son côté, ses *Observations faites dans les Pyrénées*, en
1801 son *Voyage au Mont-Perdu.* Palassou reconnut le
premier le parallélisme des couches qui constituent la
chaîne pyrénéenne. Flammichon, à la même époque,
fait connaitre les grands traits orographiques et géologiques de ces montagnes, et chercha à expliquer leur
formation ; tandis que Ramond découvrait des restes
organisés au sommet du Mont-Perdu et s'efforçait d'expliquer le mode d'origine des Pyrénées.

Mais c'est en 1823 que la géologie pyrénéenne prit une
importance considérable, et de Charpentier (1) établit les

(1) De Charpentier, *Essai sur la constitution géologique des Pyrénées.*

bases de cette étude. Mais de Charpentier était surtout lithologiste, et ses descriptions de roche sont encore aujourd'hui d'une perfection remarquable ; il s'est peu occupé du classement des terrains. A cette époque, on ne faisait, pour ainsi dire, qu'essayer l'emploi des fossiles ; et cette base faisant défaut, il n'est pas étonnant que cette question ait été à peine effleurée par de Charpentier. Il faut arriver à l'année 1841 pour trouver la première classification rationnelle des couches pyrénéennes ; Elie de Beaumont et Dufrenoy, en publiant leur carte géologique de France, tracèrent la voie aux études futures, car leur travail contenait encore de nombreuses erreurs.

A partir de cette époque, les données paléontologiques ouvrirent une voie nouvelle, et la géologie moderne, appuyée désormais sur des bases solides, commença à jeter une vive lumière sur la composition des Pyrénées.

Le premier géologue qui ouvre cette série de Pyrénéens modernes est Leymerie, qui pendant de longues années fut à peu près seul à s'occuper des Pyrénées. Pendant près de quarante années notre géologue toulousain visita les Pyrénées et publia de nombreux mémoires sur ses observations. Mais un livre résume tous ses travaux, celui intitulé : *Description géologique et paléontologique des Pyrénées de la Haute-Garonne,* volume paraissant en 1880, quelques mois après sa mort (1).

Antérieurement à cette date et parallèlement à Leymerie, d'autres géologues méridionaux publiaient le résultat de leurs observations : je citerai parmi eux le pasteur Frossard, les ingénieurs François, Mussy, Martin,

(1) Toulouse, libr. Privat. Paris, J.-B. Baillière.

le docteur Garrigou, et enfin Magnan, l'explorateur intré-
pide, le géologue plein d'enthousiasme pour sa science
favorite, et dont les assertions parurent tout d'abord con-
testables, tant elles étaient en désaccord avec les idées
reçues, et qui aujourd'hui sont acceptées en grande partie par les géologues, Magnan, qu'une mort prématurée,
toute dramatique pour ceux qui l'entouraient, est venue
enlever alors qu'un brillant avenir s'ouvrait devant
lui.

A ces noms je pourrais en ajouter beaucoup d'autres
encore, car le branle était donné et tous les ans nous
apportait quelques publications sur la géologie des Pyrénées : aujourd'hui tous ces travaux forment une véritable
bibliothèque, et c'est en m'appuyant sur eux que je vais
essayer d'esquisser rapidement l'état actuel de la géologie
pyrénéenne.

Structure générale. — D'une manière générale, et
malgré l'apparente irrégularité qui semble régner dans
la distribution des terrains, les Pyrénées paraissent
formées, comme l'a dit Palassou, « de longues bandes de
calcaire, de bandes argileuses qui se succèdent alternativement et de masses de granite. Chaque bande est un
assemblage de lits qui se prolongent en général de
l'ouest-nord-ouest à l'est-sud-est ».

Cette idée du parallélisme des couches et de leur direction générale, qui n'est autre que celle de la chaîne, a
été admise par tous les géologues, et d'une manière générale nous sommes encore obligés de convenir qu'elle est
exacte ; le système d'obliquité des couches, proposé par
M. Schrader, n'étant, à mon avis, qu'une modification

secondaire, qui fausse l'aspect du système général, mais ne le détruit pas dans son ordonnance générale.

Mais je me hâte de dire que si j'admets le système de parallélisme général, je ne l'attribue nullement, comme Palassou, à une superposition normale de couches relevées par un soulèvement général. Nous voyons, il ne faut pas l'oublier, les couches par leur tranche ; elles ont été dérangées de leur position primitive par un refoulement dont la direction était perpendiculaire à l'axe de l'isthme pyrénéen ; et s'il s'est produit des obliquités dans les couches, c'est que les points de plus grande résistance ont été inégaux au nord et au sud.

Il suffit de jeter un coup d'œil sur la carte géologique (fig. 37) pour saisir cette allure générale de parallélisme, et ces dispositions obliques.

Nous reviendrons sur ces faits après avoir passé en revue les principales formations qui entrent dans la composition des Pyrénées.

Terrains primitifs. — Les granites, ou plus exactement, les roches granitiques sont disséminées d'une façon qui paraît tout d'abord irrégulière; elles forment des îlots isolés d'une importance très variable et qui seraient, d'après M. Schrader, alignés obliquement à l'axe principal.

Sur la carte géologique, on peut suivre des îlots granitiques, et l'on peut voir qu'ils sont surtout développés dans la partie orientale de la chaîne.

A cette extrémité, une première masse granitique apparaît au nord dans l'Ariège, vers Castillon. Cette masse « se décompose en deux segments circulaires d'inégal développement, convexes l'un et l'autre dans la même direction, et venant se raccorder dans la vallée de l'Ariège, à Saint-Paul de Jarrat : le premier, qui est en même temps le principal, s'étend de Saint-Girons à Montgaillard ; c'est aux environs de Foix que le changement de courbure y est le plus brusque ; aussi est-ce là que l'on observe les dislocations les plus énergiques ; le second représente la bordure septentrionale du massif cristallin de Saint-Barthélemy.

Au nord, les affleurements de terrains secondaires et les plis des petites Pyrénées s'incurvent parallèlement aux inflexions de cette bordure.

En réalité, cette avancée ne correspond pas à une déviation bien considérable dans l'allure des lignes directrices. Elle résulte principalement d'une surélévation, dans le sens vertical, des quatre noyaux Foix, Saint-Barthélemy, Trois-Seigneurs et Castillon. Ce phénomène, encore inexpliqué, est unique dans la structure des Pyrénées françaises » (1).

D'un autre côté, il est bon de remarquer que « le pointement granitique de Foix paraît isolé ; on ne lui connaît d'homologue ni à l'est ni à l'ouest.

La première bande de roches cristallines qui présente quelque continuité, bien qu'intermittente, commence à la vallée de l'Agly ; elle forme ensuite le cirque de Salvezines, reparaît un instant dans les îlots des environs de Rodome, puis s'épanouit largement pour constituer le massif du Saint-Barthélemy (2,349 m). Sur la rive gauche de l'Ariège, on la suit de Montoulieu à Lacourt, où elle

---

(1) De Margerie et Schrader, *loc. cit.*

dessert la grande crête rectiligne qui borde au nord la dépression du col de Port. Entre le Salat et la Garonne, le massif d'Aspet semble également lui appartenir ; peut-être même se prolongerait-elle jusqu'à la vallée de l'Adour, où le petit massif granitique de Montgaillard indiquerait sa réapparition locale.

La seconde bande granitique naît à la vallée de l'Ariège avec le massif des Trois-Seigneurs (2,190^m); le massif de Castillon (Cap de Bouirech, 1,872^m) prolonge à l'ouest du Salat l'alignement de ce dernier ; enfin entre la Garonne et la Neste, la bande de roches cristallines qui s'étend de Saint-Béat à Sarrancolin, se présente dans des conditions analogues (1). »

Plus au sud et à l'est commencent deux massifs étendus de roches cristallines, les plus considérables de toute la chaîne. Les premiers affleurements se rencontrent dans la vallée de la Tet, à Millas et à Vinça. « C'est l'amorce d'une grande bande est-ouest, qui se prolonge par Moligt, le pic Madres (2,471^m), les environs de Quérigut et la vallée de l'Ariège, pour s'épanouir ensuite largement entre Ax, la frontière espagnole et le pic d'Estats.

Une seconde bande granitique commence brusquement avec le Canigou (2,785^m) ; ce massif est complètement couvert vers l'est par les schistes cambriens.

Sur la frontière, le sommet de la Costabona (2,464^m) lui appartient encore, mais elle ne tarde pas à disparaître en Espagne de ce côté. Sa direction, qui est d'abord vers l'O.-S.-O., comme celle des deux sillons parallèles du Tech et de la Tet, semble tourner à l'O.-N.-O. vers

(1) De Margerie et Schrader, *loc. cit.*

Mont-Louis et le col de la Perche, où les affleurements des roches cristallines coïncident avec le faîte de sépara- tion des deux versants. Au pic de Carlitte (2,921 ^{m}) la bande schisteuse du lac Lanoux et du col de Puymau- rens détermine une bifurcation dans la zone cristalline ; la branche du nord forme les pics de Pedrous et de Fontar- gente (2, 788 ^{m}) ; celle du sud, beaucoup plus dévelop- pée, traverse la rivière de Carol, et se dirige vers l'O.-S.- O. par les pics de Campcardos, d'Ensagens (2,915 ^{m}) et de Piedrafita (2,358 ^{m}), en séparant l'Andorre et la Cerdagne. Au delà de la Valine, les granites ont entière- ment disparu (1). »

La dernière masse granitique des Pyrénées-Orientales est celle des Albères, qui se rattache à celle du Canigou dont elle n'est séparée que par une étroite bande de ter- rains anciens. Un dernier affleurement se trouve à Rosas, au cap Creus.

Plus au sud, l'on retrouve les roches granitiques for- mant la côte espagnole de Palamos à Mattaro, et s'éten- dant largement en plusieurs nappes vers la chaîne.

Dans la région centrale, « le premier massif granitique que l'on rencontre à partir de Vicdesos est celui des vallées supérieures d'Aulus et d'Ustou, orienté O.-S.-O. — E.-N.-E. ; comme la partie adjacente du massif de la Haute-Ariège, il est formé par un vrai granite éruptif, dont le type se retrouve en beaucoup de points des Pyré- nées, et qui tend à se déverser par-dessus la série des terrains primaires lui servant de bordure au nord.

Ce massif disparaît rapidement dans la profondeur : il

(1) De Margerie et Schrader, *op. cit.*

FIG. 39. — Pic de Peguera.

Dessin de M. F. Schrader, d'après nature. C. A. F.

n'y a plus de granite visible aux environs du Port-de-Salau. On retrouve des affleurements granitiques à peu de distance au nord, puis au pied du Montvallier et dans le fond de la vallée du Riberot, où l'on observe, au contact, des traces non équivoques de métamorphisme jusque dans le silurien supérieur. La persistance des mêmes modifications minéralogiques jusque dans la haute vallée du Lez permet de supposer que les roches cristallines se prolongent de ce côté en profondeur.

Une base intermittente de granite éruptif, d'abord très étroite, se dirige ensuite d'Arties et de Tredos vers le massif de Piédrafiita, où elle acquiert un peu plus de largeur (Roca Blanca, 2.758^m), pour cesser brusquement avant d'atteindre la vallée de la Noguera. Ce chaînon granitique semble être une réapparition de celui que nous avons suivi plus à l'est, de Vicdessos aux environs du port de Salau ; il tend comme lui à se diriger vers l'E.-S.-N.-E. avant de tourner, au sud de la Garonne, vers l'O. ou même vers l'O.-N.-O.

Plus loin se présente le grand massif de la Maladetta (1) et du Montarto, le plus remarquable à tous égards des chaînons granitiques pyrénéens par sa continuité (40 kilomètres) et son altitude (Néthou, point culminant de toute la chaîne, 3,404^m). Emprunté sur une partie notable de sa longueur par la ligne de faîte entre la Garonne et les Nogueras, il comprend les hautes régions lacustres qui entourent les sommets du Comolo Forno (3,032^m), du Comolos Bienes, du pic Peguera (fig. 39), plus au S.-E., non loin du Monseny (2,881^m) et d'Espot, sous une

(1) Voyez page 73, fig. 26.

enveloppe de schistes primaires qui occupent tout le Pallas et s'étendent ensuite en Cerdagne et en Andorre.

A l'ouest, la vallée de Vénasque marque sa terminaison apparente ; mais les roches cristallines ne tardent pas à se montrer de nouveau dans la même direction en formant cette fois, le long de la frontière, l'imposant massif du Perdighero (3,220m), du pic Crabioules et des hautes montagnes d'Oo, où le granite, alternant avec des gneiss, surplombe les schistes Cambriens, eux-mêmes renversés sur le Silurien, qui leur succède au nord.

Quelques affleurements granitiques, encore mal connus, ont été signalés aux environs d'Arrau ; mais les roches cristallines ne reparaissent avec quelque ampleur que dans le puissant massif de Néouviel (2,903m), où Ramond voyait le centre géologique des Pyrénées et l'inverse de la bande des Monts-Maudits, sur l'alignement de laquelle il se trouve ; ce massif ne montre aucune tendance à s'allonger suivant une direction bien définie : c'est une saillie de forme presque rectangulaire, enveloppée de tous les côtés de crêtes schisteuses qui tournent leur face escarpée contre cette protubérance centrale (Pic-Long, 3,194m).

Plus au nord, les roches granitiques associées à des micaschistes se retrouvent une dernière fois entre le col du Tourmalet et le pic du Midi de Bigorre (2,887m); c'est peut-être une des suites des affleurements d'Arrau.

Au sud-ouest de Néouviel, nous retrouverons un nouveau chaînon granitique, intermittent il est vrai, mais cette fois bien aligné ; depuis Gèdre, où se montrent ses premiers affleurements, on peut les suivre vers l'E.-S.-O.-S. sur 45 kilomètres, jusqu'au pic d'Eristé (3,056m). Entre Gavarnie et la vallée de Bielsa, le granite est d'abord relégué dans les profondeurs ; il forme les pâturages du Coumélie, puis les soubassements des cirques d'Estaubé et de Troumouse, de même que le fond du cirque de Barossa, de l'autre côté de la frontière ; plus loin, il se redresse avec les sommets de Fulsa (2,800ᵐ) et Suelsa, (2,967ᵐ) et s'étale enfin sur de grandes surfaces au sud de la cime schisteuse des Posets (3,367ᵐ) (fig. 18).

Cette traînée granitique est parallèle à la bande des Monts-Maudits ; elle coupe en brides la ligne de faîte, et se développe surtout du côté de l'Espagne. D'après les coupes données par M. Mallada, elle est constituée par un vrai granite éruptif, qui surgit inopinément au milieu des terrains primaires dont l'inclinaison est quelconque : c'est, par conséquent, un chapelet de massifs d'intrusion (1). »

Au delà de la vallée du Gave de Pau, les deux bandes granitiques que nous venons de suivre disparaissent, et un grand massif granitique semble former le prolongement des deux bandes réunies : il s'étend au sud de Cauterets sur 25 kilomètres du Pic d'Ardiden (2,988ᵐ) au lac d'Artouste. Le granite occupe la partie supérieure des vallées de Lutour, de Gaube, de Marcadou, d'Estang et d'Arrens ; il s'arrête au Viguemale (fig. 40).

« Ce massif projette au sud-ouest, entre l'Ara et le Gallego, la singulière apophyse de Panticosa, longue de 10 kilomètres malgré son orientation aberrante, et où le Pic de Batans atteint 2,903ᵐ » (2).

Plus loin le granite apparaît au fond de la vallée d'Os-

---

(1) De Margerie et Schrader, *op. cit.*
(2) De Margerie et Schrader, *op. cit.*

FIG. 40. — Massif du Viguemale, vu du Sud-Ouest.   Dessin de M. F. Schrader, d'après nature. (C. A. F.)

sau entre les Eaux-Chaudes et Gabas et semble être le prolongement du massif précédent.

Au delà les granites disparaissent entièrement, et il faut atteindre la zone extrême océanienne pour trouver deux îlots isolés, celui du massif de Labourd (montagne d'Ursouia, 678ᵐ) et celui du Pic d'Haya (816ᵐ).

Cet îlot granitique « paraît jouer dans la structure du pays Basque le rôle d'un tournant de premier ordre, d'un point fixe qu'enveloppent sans le traverser les ondulations des terrains postérieurs. Hasparren est situé juste au sommet de la courbe, et les directions redescendent ensuite vers le sud-ouest en dessinant un faisceau divergent dont les branches extérieures sont parallèles au rivage du golfe de Gascogne » (1).

Au point de vue de la composition minéralogique les roches granitiques, les Pyrénées offrent une grande variété et M. Caralp les a ainsi classées :

1° Granite fondamental et gneiss granitoïde ;

2° Gneiss glanduleux, rubanné ;

3° Gneiss grenu ou feuilleté avec cipolin.

Mais à cette série primitive, normale, il faut en ajouter une seconde plus importante par son développement, celle des granites éruptifs, presque tous de structure porphyroïde, qui viennent se faire jour au travers des roches diverses.

L'âge de ces éruptions granitiques a été l'objet de nombreuses discussions ; mais l'accord est encore loin d'être fait à ce sujet. MM. Roussel et Lacroix ont récemment remis la question sur le tapis, à propos des granites

(1) De Margerie et Schrader, *op. cit.*

éruptifs. Dufrenoy, Durocher, Zrinkel avaient regardé ces granites comme post-jurassiques. M. Roussel confirme cette opinion en ce qui regarde les granites des Pyrénées-Orientales ; tandis que M. Lacroix affirme que les granites éruptifs de l'Ariège sont certainement anti-jurassiques.

Pour nous il nous parait difficile de rajeunir autant ces roches, et nous n'avons jamais vu, pour notre part, de granites post-jurassiques.

A propos des granites des Pyrénées, quelques géologues, et notamment M. Garrigou, ont émis l'opinion que les granites et les roches similaires étaient d'origine sédimentaire transformées par métamorphisme. M. Garrigou a cité, à l'appui de cette manière de voir, de nombreuses alternances de roches granitoïdes et de calcaires : à Saint-Béat et à Superbagnères notamment.

Mais M. de Lapparent a combattu cette théorie, et il a montré que la pegmatite de Superbagnères par exemple était bien une roche d'intrusion, disposée en filons transverses à la stratification des schistes et calcaires métamorphiques dans lesquels ils sont intercalés, et que dans certains de ces filons parallèles cependant aux plans de stratification, l'orientation des paillettes de mica était perpendiculaire au plan de stratification et non parallèles, ce qui ne permettait pas d'admettre une origine sédimentaire de ce banc de pegmatite.

A ce sujet, il est bon d'observer que la présence simultanée de granite et de calcaire n'est pas inconciliable ; mais elle n'entraîne pas forcément l'idée d'un dépôt Neptunien : par une sorte de dissociation, calcaire et roches siliceuses pouvaient bien exister côte à côte dans le magma primitif. C'est du reste à cette idée que se rattachent maintenant la plupart des géologues pyrénéens en ce qui concerne certains gîtes de calcaire saccharoïde, tel que celui de Saint-Béat.

Celui-ci est en effet en rapport direct avec les roches granitiques, et il ne peut en être séparé. Charpentier l'avait tout d'abord classé ainsi en le dénommant calcaire primitif; mais plus tard il fut regardé comme jurassique métamorphique par M. Leymerie; comme carbonifère par Nérée Boulée, Garrigou et Jeanbernat. Mais dans les dernières années de sa vie, Leymerie s'était rangé à cette opinion.

Nous-même avons apporté à cette question certaines observations d'allure générale, qui n'ont qu'une valeur relative, il faut bien en convenir, mais qui viennent s'ajouter aux données fournies par les rapports stratigraphiques de ce gisement.

En effet, dans le bassin de Saint-Béat, granites et calcaires sont partout côte à côte; ils forment des montagnes isolées, mais voisines, et, chose remarquable, les unes et les autres sont de formes identiques. Et lorsqu'on examine attentivement les lignes de cassure de la roche, on voit que dans les deux cas elles sont identiques, formant deux réseaux de lignes parallèles entre elles pour chaque direction : allures semblables, origine identique probable, avons-nous conclu.

Ces calcaires cristallisés de Saint-Béat contiennent, en outre, une foule de minéraux adventifs: mica, soufre, rubis, fer sulfuré, etc., dont la présence est facile à expliquer par une origine primitive, et plus difficile à comprendre par de simples effets de métamorphisme.

Au-dessus des granites primitifs un système puissant de schistes cristallins s'étend sur de vastes régions, et ne présente pas de caractère saillant au point de vue stratigraphique. Les actions métamorphiques, les compressions énergiques les ont intimement modifiés et dans leur composition et dans leur allure.

Dans la région d'Oo ils sont intimement liés au granite éruptif dont nous avons déjà parlé; et là on peut voir en un même point les granites primitifs, les granites éruptifs et les schistes cristallins intimement unis. En bien des points

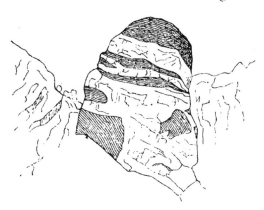

Fig. 41. — Introsions du Quairat.

ce granite éruptif, que caractérisent de grands cristaux de feldspath, empâtés de fragments de schistes anguleux; d'autres fois le granite est injecté en filons dans la roche comme on peut le voir au pic Quairat (fig. 41).

« Ce phénomène de fragments inclus dans le granite, offre certainement un grand intérêt; mais ce n'est rien en comparaison de la manière grandiose et imposante avec laquelle il se manifeste dans les escarpements des montagnes du Quairat et de Spigoles. Là il ne s'agit plus seulement de fragments ordinaires, mais de bandes schisteuses allongées, sections de véritables assises qui se trouvent empâtées dans la roche granitique et qui contribuent même pour une certaine part à la composition des montagnes. Ces bandes et fragments empâtés se laissent distinguer de loin sur les flancs des pics et crêtes par leur couleur plus sombre que celle du granite qui les renferme.

« Ces intéressantes relations des terrains massifs et des terrains stratifiés offrent un grand intérêt pour la question de l'origine des granites. Elles paraissent venir à l'appui de l'idée que cette roche a surgi postérieurement à la formation des schistes qui l'accompagnent : qu'il devait être dans un état de mollesse assez prononcé, et que cependant sa température était assez modérée, puisque les fragments qui s'y trouvent inclus n'ont pas même été altérés sur leurs angles » (1).

D'un autre côté, Leymerie a reconnu que ces granites reposent sur les schistes cristallins qu'ils ont d'abord relevés, puis sur lesquels ils se sont épanchés, fait très net dans cette région d'Oo et qui permet de distinguer ces granites à grands cristaux de feldspath des granites primitifs qui nulle part ne recouvrent d'autres formations.

L'âge de ces grandes masses de schistes cristallins, absolument azoïques, a été interprété de différentes façons; mais toutes ces attributions sont purement théoriques, et il semble plus prudent de les comprendre tous dans l'expression proposée par M. Hébert : antésiluriens.

M. Caralp a adopté le terme de terrain archéen, qui ne dit pas grand'chose ; mais il faut ajouter que dans

(1) Leymerie, *op. cit.*

l'esprit de M. Caralp ce mot d'archéen s'applique surtout aux termes les plus supérieurs de la série des schistes
azoïques, série supérieure assimilée aux phyllades de
Saint-Lo par Dufrenoy et Durocher, ou Cambrien proprement dit par Leymerie et M. de Lapparent.

C'est en nous appuyant sur les faits que nous venons
de signaler, que nous arriverons à établir une théorie
rationnelle.

Cambrien. — Au-dessous des schistes azoïques, et en
discordance avec eux, se développe un ensemble de
schistes argileux imprégnés de silice, et qui forment les
gisements d'ardoise de la Haute-Pique.

A cet étage se rapporte une zone des plus importantes,
la *dalle Cambrienne* de M. Jacquot : assise calcari-
fère qui couronne cette formation. Cette dalle a un
facies tellement caractéristique qu'on ne saurait la confondre avec les autres formations calcaires de la chaîne.
Elle est tantôt cristallisée, tantôt grenue, feuilletée, ru-
banée de couleur grise ou bleuâtre : c'est une roche
magnésienne, une véritable dolomie.

Cette zone, cette dalle, s'étend parallèlement à l'axe de
la chaîne ; très réduite, ne formant que de minces filons
aux deux extrémités, elle acquiert une puissance considérable ; 1,000 environ, dans la partie centrale.

C'est au Port de Vénasque qu'elle se présente dans les
meilleures conditions pour l'étude. Des bords de la
Pique à la brèche du Port on recoupe une série de schistes
satinés verts, de calschistes qui rappelle le système Cambrien de Luchon. Au débouché du Port on se trouve tout
d'un coup sur une série de couches puissantes de do-

lomies rubanées de Peñna Blanca, qui surmonte les schistes précédents.

Je sais bien que l'attribution de ces schistes au Cambrien a été contestée par M. Gourdon, qui a ramassé au Port de Vénasque un polypier, assez fruste, il est vrai, un *Chœtetes* que M. Barrois a rapporté, avec quelque doute, au silurien. Mais M. Jacquot estime que cette observation isolée est insuffisante, et il admet sans hésiter l'attribution Cambrienne donnée par Durocher à ce schiste du Port de Vénasque.

Dans le massif du Canigou la dalle est également développée ; mais, par suite d'un renversement, elle repose sur le granite, sauf sur un point, à Corsavy, où elle occupe sa place normale.

Dans la vallée de la Tet, notamment, je l'ai rencontrée très développée en plusieurs points ; au tunnel de Canaveilles notamment, dans cette région des Pyrénées-Orientales, ou, pour parler plus exactement, du Canigou, la dalle est particulièrement intéressante à cause de ses relations avec les gîtes de fer. A Clara, à Filhols, à Valmanya les puissants dépôts d'hématite, d'oligiste sont nettement intercalés au milieu des bancs de la dalle.

Dans la vallée de l'Ariège l'on retrouve cette même formation très développée entre Ax et les Cabannes ; ici encore la dalle repose sur les schistes Cambriens. Cependant M. Caralp prétend avoir vu à Astou la dalle reposer sur des schistes caburés siluriens. A ceci M. Jacquot répond qu'il n'a pu voir cette superposition dans le point où M. Caralp l'a signalée, et qu'à côté la dalle repose au contraire sur des schistes verts positivement Cambriens.

Là également se trouvent des gîtes de fer intercalés,

comme ceux du Canigou, dans les couches de la dalle ; à côté un gisement de galène se rattache également à cet horizon que l'on peut appeler l'horizon métallifère des Pyrénées.

Mais c'est au gisement célèbre de Rancié à Vic-Dessos, que M. Jacquot a reconnu enfin à quelle formation il fallait rapporter ces mines d'où proviennent les fameux fers de l'Ariège. Jusqu'à présent on le rangeait dans la formation jurassique ; il faut dire que la détermination exacte de la roche encaissante était difficile, car il existe une faille entre la mine et le fond de la vallée. Mais dans la galerie Sainte-Barbe, la dalle est très nettement visible et le gîte de Rancié est l'analogue de ceux du Canigou, chose toute rationnelle, car la composition du minerai est la même dans les deux cas.

Plus loin, au Port de Salau, M. Jacquot a également reconnu l'existence de la dalle ; elle descend dans la vallée d'Aran, et sur son alignement s'étagent les gisements de galène exploités dans cette région.

Autour du massif granitique du Néouviel la dalle apparaît encore, elle formerait le sommet du Pic du Midi.

A Gèdres elle constitue toutes les montagnes en avant de Gavarnie, partout appelées *Penne Blanque*.

La côte du Limaçon à Cauterets est taillée dans la dalle ; ici encore se trouve un gisement de galène.

Aux environs des Eaux-Bonnes, M. Jacquot rapporte à cet horizon une série d'assises que M. Œlhert regarde comme carbonifères, et que M. Liétard prétend être du crétacé métamorphique ! !

Enfin dans la vallée de la Nive la dalle se retrouve au Pas-de-Roland.

Silurien. — Le système silurien tout entier a été reconnu à peu de distance des Pyrénées, dans les montagnes Cantabriques au sud, et dans la montagne Noire au nord : ce qui permet de présumer que ces étages doivent être représentés dans la chaîne elle-même.

Le silurien moyen est très développé, et il forme trois zones assez distinctes, mais dont la répartition a été difficile à établir ; aujourd'hui, grâce aux découvertes de M. Gourdon dans les environs de Luchon, le doute n'est plus possible.

La zone inférieure, ou *schistes à grapholithes*, a été signalée en premier lieu par Nérée Boubée, retrouvée plus tard par M. Gourdon ; elle est précédée d'épaisses couches de schistes carburés, graphitiques, remplis de mâcles, de pyrites de fer.

Dans l'Ariège, M. Caralp a trouvé les mêmes couches, et la présence du *grapholithes dendroïdes* lui a permis d'assimiler cette zone à l'horizon d'Arenig en Angleterre.

La zone moyenne est tantôt schisteuse, tantôt calcaire : le schiste à *Monograpsus colonus* de Seintein correspondrait au grès de May (M. Caralp), les calcaires à *Echinosphærites balticus* de Montauban, Luchon (M. Gourdon) représenteraient les schistes d'Angers.

Le *silurien supérieur*, plus facile à reconnaître grâce aux fossiles caractéristiques qu'il possède, est très développer à Marignac, au Pic du Gar, à Catherviel, pour ne citer que les gisements des Pyrénées centrales.

Sa composition pétrographique n'a guère de caractère spécial, et il est difficile de reconnaître les couches du siluvien supérieur lorsque l'on n'a pas de fossiles : ce

sont des schistes argileux, des grès ou des calcaires :
ceux contenant principalement des fossiles : *encrines,*
arthocères, *cardiolo interrupta.*

M. Caralp distrait du silurien supérieur la faune de
Catherviel, et la range dans le Dévonien au niveau du
calcaire à goniatites.

Dévonien. — Le Dévonien est assez bien représenté
dans les Pyrénées : à l'est il forme une série d'affleurements linéaires parallèles en avant de la chaîne qui se
continuent dans la montagne Noire où M. Bergeron les
a étudiés avec le plus grand soin. Dans la vallée de la
Garonne, à Cierp, il forme un large ilot, et reparait plus
loin dans les environs d'Ossau.

Sur le versant espagnol, au lieu d'être ainsi disséminé, il forme une large bande continue que la carte
de M. Carez montre très nettement. On peut distinguer deux niveaux : un étage inférieur composé de
schistes à néréites de Jurviel, des calcaires et des grauwackes, à *pleurodyctium problematicum* (Laruns).

Dans la région d'Ossau, les spirifers sont abondants
d'après M. Stuart-Menteath.

Dans la Haute-Garonne, M. Leymerie a signalé
quelques trilobites, *phacops fœcundus,* et M. Gourdon
a rencontré de nombreuses espèces au pic du Gar.
Au col d'Aubisque, M. de Mercey a rencontré *Rhyn-
chonella subvilsoni, Leptœna Murchisoni.*

L'étage supérieur est le mieux caractérisé, par un
niveau très constant de marbres amygdalins : griotes
du Canigou, de Cierp, de Campan ; tantôt rouges,
tantôt vertes, et pétries de goniatites.

Dans la région espagnole, ces griotes contiennent des espèces carbonifères : *Philippsia*. Aussi M. Barrois inclinerait-il à le rattacher à ce terrain. La question est encore en suspens ; mais il est bon de faire observer que l'association des calschistes verts et rouges rappelle ce qui s'observe dans le Dévonien du Nord ; tout au plus pourrait-on regarder comme couches de passage les griotes espagnoles à Philippsia.

Les grands récifs coraliens que contient le Dévonien des Ardennes n'existent pas dans nos montagnes.

Carbonifère. — « Le carbonifère inférieur est connu, dans l'Hérault, sous la forme de calcaire à *Productus* et de grès grossiers ; dans l'ouest des Pyrénées, le calcaire marmoréen de Louvie, le calcaire noir du Pic du Midi d'Ossau, les fossiles de Géteu étaient attribués à ce système par M. Coquand. Dans l'Aude, M. Viguier a rapporté à cet étage des poudingues et grès analogues à ceux de l'Hérault et un ensemble puissant de schistes, jusqu'ici sans fossiles, il est vrai (1).

En 1870, M. Mussy signalait dans l'Ariège une bande de schistes qui occupait stratigraphiquement la place du carbonifère.

En 1884, dans cette même région, M. Lartet confirmait cette découverte en signalant la présence, dans ces schistes, de *Phillipsia*, de *Productus*, de *Spirifers*. Ces schistes de l'Ariège reposent en discordance sur des griotes, ce qui paraît les écarter nettement de l'étage

(1) Collot. *Coup d'œil sur la constit. géol. des Pyrénées* in *Revue Bourguignonne*, 1892.

carbonifère, auquel M. Barrois propose de les rattacher.

A l'est des Pyrénées, le carbonifère a un caractère littoral bien marqué : au centre les calcaires alternent avec des schistes argileux.

Au-dessus se trouvent des schistes avec empreintes végétales, passant au terrain houiller proprement dit.

Les couches à empreintes végétales sont d'âge différent. A la Rhune (Basses-Pyrénées), elles relèvent du houiller supérieur, tandis que celles de l'Esserra (Maladetta) indiquent un houiller plus ancien, ainsi que l'a établi M. Zeiler sur les empreintes recueillies par M. Gourdon.

Il y a parfois indépendance entre le terrain houiller et le carbonifère ancien. Le premier peut se trouver isolé au milieu des schistes de transition plus anciens que le carbonifère. Tel est le cas dans l'Aude. Il peut s'être formé dans des dépressions du relief qui aurait existé en dehors du domaine des eaux marines carbonifères.

De même, dans les Asturies, M. Barrois a observé que l'assise extramarine de Tineo, à flore houillère supérieure, recouvre exclusivement, en stratification discordante, les terrains dévonien et cambrien. Cette situation est la conséquence des mouvements qui ont plissé le houiller moyen de Sama, à flore semblable à celle du houiller du nord de la France et à fossiles marins, et qui ont modifié le relief de la région.

Sur le revers méridional des Pyrénées, le système carbonifère est jalonné par une série d'affleurements depuis les bassins houillers de San Juan de las Abadessas et de la Seo d'Urgel jusqu'au sud du pic du Midi d'Ossau, pour reparaître au sud des Pyrénées basques. Il se poursuit vraisemblablement sous les terrains plus récents pour s'étaler sur de grandes surfaces dans les Asturies (1).

Des éruptions porphyriques ont marqué cette époque carbonifère : tel le pic du Midi d'Ossau dont la pyramide est de porphyre.

Permien. — L'existence du terrain permien est encore douteuse ; cependant, il y a déjà longtemps, M. Hébert a regardé comme permiennes les couches supérieures de la Rhune.

Plus récemment (1881), M. Stuart Menteath a remarqué que les ophites qui traversent ces gîtes avaient une composition toute particulière et différente de celles qui sont en relations directes avec le trias.

Dans l'Aude, Braun et Paillette ont signalé au-dessus du bassin houiller de Ségure des grès et poudingues rougeâtres. M. Noguès les rattacha au houiller, tandis que Magnan les attribue au permien. Mais, d'après M. Viguier, il n'y aurait pas encore de faits absolument concluants pour admettre cette assimilation, ce ne serait qu'une probabilité.

Je dois ajouter toutefois que M. Jacquot admet l'existence de grès permiens au-dessous de la plupart des gisements triasiques des Pyrénées.

Sur le revers méridional il formerait une bande à peu près continue.

Terrains secondaires. — Les terrains secondaires sont très inégalement développés ; mais ils entourent d'une

(1) Collot, *op. cit.*

ceinture continue le massif central des terrains primitifs.

Dans la région orientale, ils forment au nord et au sud d'étroites bandes parallèles avec quelques ressauts accidentels ; tandis qu'à l'ouest ces mêmes couches prennent un large développement de part et d'autre et s'unissent même sur le rivage.

Ici les difficultés provenant du manque de fossiles, et qui ont rendu les attributions d'âge des terrains primaires si difficiles et si contestées, n'existent plus autant et la paléontologie reprend tous ses droits. Par cela même nous n'aurons plus à opposer les unes aux autres des opinions contraires, et nous pourrons accepter les dires des explorateurs, car presque toujours ils seront appuyés sur des listes de fossiles, dates incontestées de l'histoire en géologie.

Trias. — Le trias est représenté tout le long de la chaîne au nord comme au sud ; mais tandis qu'au nord il est disséminé en îlots de peu d'importance, au sud il forme de longs alignements, qui bordent les terrains primaires. MM. Mallada et Stuart Menteath ont suivi avec soin toutes ces couches, et leur position stratigraphique ne peut laisser aucun doute.

En France, au contraire, les opinions ont beaucoup varié à cet égard ; il est vrai que les fossiles font encore défaut, et que la position et l'analogie de faciès ont été les deux seuls éléments sur lesquels se sont basés les géologues pour donner un âge à ces couches. Voici cependant les conclusions d'un mémoire de M. Jacquot sur le trias du revers septentrional des Pyrénées.

Le trias se présente dans les Pyrénées avec sa composition normale et qui rappelle les contrées classiques : Lorraine et Franche-Comté surtout.

Le grès bigarré à la base renferme des poudingues à éléments quartzeux (Stuart Menteath). Au-dessus se place un étage calcaire et dolomitique qui doit correspondre au *Muschelkalk*. Les *marnes irisées* couronnent toujours cette formation, et elles possèdent de petits bancs de calcaire magnésien qui correspondent très bien à la dolomie moyenne de Lorraine. Dans ces marnes irisées sont enclavés de nombreux dépôts de gypse et des sources salées.

Au point de vue du gisement, il y a une différence à établir entre le trias de la montagne et celui de la plaine. Dans le premier cas, il forme de petits bassins enclavés dans des plis des terrains paléozoïques, et les trois termes de la série triasique s'y retrouvent. Dans la plaine, au contraire, ils apparaissent par faille au milieu des terrains plus récents, crétacé ou nummulitique.

Mais le point particulièrement intéressant pour le trias est le rapport qui paraît exister entre ses couches et les gisements d'ophite, roche verte spéciale aux Pyrénées, qui a donné lieu à tant de discussions, et à laquelle a été attribué le soulèvement des Pyrénées.

Les ophites ne font pas cependant partie essentielle du trias, elles se sont montrées beaucoup plus haut encore dans l'échelle des terrains.

Les roches du trias en contact avec l'ophite ont été profondément modifiées : les calcaires du Muschelkalk sont transformés en marbres, ou en brèches renfermant des cristaux de quartz et de couzeranite. Les marnes contiennent des silicates d'alumine et de magnésie ; enfin le fer oligiste abonde dans les roches encaissantes.

Nous aurons à revenir sur la question des ophites, et à décrire leur composition et leur mode d'origine.

A propos des gisements du trias en montagne, M. Jacquot a remarqué que ce terrain jouait un rôle social très marqué dans toute la chaîne des Pyrénées. Il a été frappé de ce fait que partout où il reconnaissait la présence de ces couches, surtout celles composées de marnes et de calcaires, la population était beaucoup plus nombreuse ; et il explique cette particularité par la facilité avec laquelle les roches du trias, en général peu consistantes, sont désagrégées facilement par les agents atmosphériques et forment un sol arable qui n'est pas sans valeur. Ces régions présentent ainsi une opposition bien tranchée avec les terrains paléozoïques dans lesquels elles se trouvent enclavées ; aussi constituent-elles, au milieu des déserts paléozoïques, de véritables oasis bien cultivées.

Les sources salées de l'Aude sortent d'un petit bassin du Keuper qui ne peut être contesté. A Salies du Salat (Haute-Garonne), M. Jacquot rapporte à la même formation les roches encaissantes. Tout à côté les gypses de Marsoulas sont du même âge ; ils sont accompagnés par l'ophite.

Il en est de même pour les sources de la région de Dax (Landes).

La seule objection que l'on puisse faire à ces différentes attributions est l'absence de fossiles ; mais il ne faut pas encore désespérer, et, comme le dit M. Jacquot, quelque chercheur heureux, plus patient découvrira quelque jour le gisement désiré.

Formation jurassique. — Nous ne chercherons plus

maintenant à entrer dans des détails aussi nombreux que ceux que nous avons crus nécessaires à l'étude des terrains précédents : l'absence complète ou la rareté des fossiles l'exigeaient. Ici au contraire les hésitations disparaissent totalement, la paléontologie reprend tous ses droits, simplifie tout.

. J'insisterai cependant sur quelques points.

L'*Infra lias* a été reconnu avec certitude en premier lieu dans l'Aude par Magnan : à Ormaison, calcaire en plaquette avec *avicula contorta ;* dans l'Ariège, par M. l'abbé Poueich et reconnu par la Société géologique : à Baulou, où M. Capellini découvrait un *bactryllium* caractéristique, et nous-même *avicula contorta.* M. Seunes l'a également signalé dans les Landes à Paudelon.

Il serait vivement à désirer que les géologues chercheurs nous trouvent de nouveaux gisements, car *avicula contorta* est un point de repère excellent et qui ne laisse subsister aucun doute sur la base du jurassique.

Le *lias* forme de larges bandes alignées et surtout développées au nord de la chaîne. Nous signalons simplement quelques gisements fossilifères : dans l'Aude, à Cléon, Tuchon ; dans l'Ariège, au Pech de Foix, à Saint-Girons ; dans la Haute-Garonne, à Saint-Pé-d'Ardé.

Enfin, à l'extrémité septentrionale de la chaîne, M. Seunes a constaté une succession complète des étages jurassiques, le corallien seul ne lui a pas encore donné de fossiles.

Le *terrain crétacé* des Pyrénées a donné lieu à de nombreux travaux : Leymerie et Magnan ont rompu bien des lances à ce sujet ; plus tard, Hébert s'est occupé du même sujet et a résumé ses observations dans deux

mémoires importants ; enfin les thèses de MM. de Lacrivier, Viguier (1) et surtout de M. Seunes (2) ont porté
sur cette question.

Dufrenoy, le premier, reconnut l'existence des couches
crétacées dans les Pyrénées ; mais il réunit sous ce titre
bien des couches d'âge absolument différent, et c'est d'Ar-
chiac qui, le premier, étudiant l'ensemble de cette formation dans l'Aude, la divisa en deux sous-étages, l'un qu'il
rattacha au néocomien, l'autre qu'il appela calcaire à
caprotine, mais dont il ne reconnut pas la place exacte
dans l'échelle des terrains.

Leymerie se rangea à cette opinion ; mais il laissa dans
le jurassique des couches crétacées, entre autres les calcaires à dicéras.

Hébert en 1867 étudia avec soin cette question et dis-
sipa tous les doutes au sujet du crétacé inférieur.

Magnan distingua à son tour trois étages : le néocomien, l'aptien et l'albien, et il affirma qu'il y avait dans
cet ensemble des récurrences de faune, et que la *Caprotina
Londsdali* s'y observait à plusieurs niveaux. Il montra
qu'il y avait discordance entre la craie inférieure et la
craie moyenne, et il fixa à cette période un des grands
mouvements de la région pyrénéenne.

Leymerie n'adopta pas cette manière de voir, et aucun
des deux n'abandonna ses idées. Plus tard, Hébert vint
apporter une précision complète dans l'étude du crétacé

(1) Viguier, *Études géologiques sur le bassin de l'Aude et des
Corbières*. Montpellier, 1887.
(2) Seunes, *Recherches géologiques sur les terrains secondaires
et l'éocène inférieur de la région sous-pyrénéenne du S.-O. de la
France (Basses-Pyrénées et Landes)*. Paris, 1890.

supérieur ; et ses élèves MM. de Lacrivier et Seunes ont confirmé ses dires en ajoutant quelques détails.

Les terrains crétacés occupent une large surface à l'extrémité septentrionale de la chaîne, et cette masse se divise bientôt en deux bandes qui suivent le pied de la montagne au nord et au sud. Au nord cette bande semble interrompue en bien des points, tandis qu'elle est presque continue au sud. Dans ces deux régions, les masses crétacées ont un faciès général très différent ; tandis qu'au nord elles ont été largement entamées par les agents atmosphériques, et ne forment plus que des collines peu élevées, arrondies et très cultivées : ce qui rend l'observation du sol très difficile ; au sud, au contraire, sous l'action torride du soleil d'Espagne, sous ce climat sans eau, le crétacé forme de longues *sierras*, aux flancs abrupts, et conservent leur physionomie primitive.

Mais la composition géologique est identique de part et d'autre, les différences sont toutes superficielles, et il faut distinguer dans toute la masse deux grandes divisions séparées par des discordances très nettes.

Crétacé inférieur. — Le néocomien proprement dit, ou néocomien inférieur, manque dans la chaîne ; il faut aller en Espagne, jusqu'à Valence, pour le rencontrer. Mais l'*urgonien* calcaire à caprotine est très développé, presque toujours cristallin et de couleur foncée : on le rencontre dans les Basses-Pyrénées, la Haute-Garonne, l'Ariège, l'Aude.

L'albien ou gault, signalé par Magnan, nié par Leymerie, est en réalité très développé dans l'Aude et dans l'Ariège ; il se rencontre encore dans les Pyrénées océaniennes où M. Seunes l'a signalé.

Crétacé supérieur. — Le crétacé supérieur est partout en discordance avec les étages inférieurs ; il se trouve à peu près dans les mêmes régions.

Le *cénomanien*, remarquable par ses conglomérats de l'Ariège et de l'Aude, devient argilo-gréseux dans les Basses-Pyrénées.

Le *turonien*, très développé en certains points, mais surtout dans les couches supérieures (calcaire à hippurites), se montre dans l'Aude et dans l'Ariège. Cette bande se continue tout le long de la chaîne, mais en changeant parfois de physionomie. Les calcaires marneux de la région orientale deviennent cristallins dans les Pyrénées-Occidentales (aux Eaux-Bonnes) et perdent ensuite ce caractère et leurs fossiles dans les Landes et dans les environs de Dax.

Le *sénonien* et le *danien* se confondent presque et passent insensiblement de l'un à l'autre ; dans l'Ariège, l'existence de l'étage sénonien est encore douteuse.

Le danien a partout, au contraire, une importance considérable, particulièrement dans la partie occidentale de la chaîne, où il se décompose en deux couches : le danien inférieur, craie de Maestricht : Tercis dans les Landes, Gavarnie, Ausseig, enfin Alet dans l'Aude ; le danien supérieur, ou *garumnien* de Leymerie : calcaire de Bidart, Aussein, Tuco dans la Haute-Garonne, les grès d'Alet dans l'Aude ; enfin les argiles rutilantes qui se prolongent jusqu'au Rhône.

Le terrain garumnien était caractérisé pour Leymerie

par la présence d'une colonie d'âge plus ancien (sénonien). Mais à la réunion de Foix en 1882, Hébert a établi,
à la suite de longues études, que l'assise supérieure (colonie à *Micraster Tercensis*) n'est que le prolongement de
la craie de Bidart et correspond au danien supérieur ;
que le calcaire qui vient au-dessus des grès à *Cyrena
Garumnica* et qui contient *Hemipneustes Pyrenaicus*
est du danien inférieur ; que la zone lithographique doit
représenter le danien moyen : craie de Maestricht.

Il n'y aurait donc rien d'anormal dans la série, et il
faudrait effacer la colonie des assises supérieures.

D'après Leymerie, ce terrain garumnien se serait ainsi
composé :

Assise supérieure — colonie à fossiles crétacés.
—   moyenne — calcaire lithographique.
—   inférieure — grès à *Cyrena Garumnica*.

Sénonien : calcaire à *Hemipneustes Pyrenaicus*.

Terrains tertiaires. — Les terrains tertiaires occupent un espace considérable au pied de la grande
chaîne, tant au nord qu'au sud.

Mais en France ils sont recouverts en bien des points
par des dépôts détritiques de l'époque quaternaire ; au
plateau de Lannemezan les matériaux de transport constituent une formation puissante.

D'une manière générale, la base des couches tertiaires
est constituée par des calcaires à nummulites d'origine
marine, auxquels succèdent des formations lacustres ;
mais celles-ci sont interrompues à différents niveaux par
des dépôts marins.

Les géologues pyrénéens ont adopté pour ces dépôts tertiaires les anciennes dénominations éocène, miocène, pliocène, et se contentent de distinguer les sous-étages par leur position inférieure, moyenne ou supérieure.

Au-dessus du Garumnien (dans la Haute-Garonne), on trouve une série de bancs calcaires contenant des *milio-lites*, des *alvéolines*, des *operculines*, enfin des *nummu-lites* proprement dites, le tout couronné par le poudin-gue de Palassou dont nous parlerons tout à l'heure.

Dans l'Ariège, ces couches sont remplacées par des calcaires d'eau douce à *cyclostoma formosum*. Dans les Corbières, le tertiaire superposé au garumnien rutilant, ou *Rubien* de Leymerie, débute également par des cou-ches lacustres à *physa prisca*; au-dessus vient l'étage nummulitique; enfin le poudingue de Palassou couronne le tout.

Dans la partie inférieure de l'Aude, sur le nummuli-tique s'étend le grès de Carcassonne, qui se transforme en poudingue à Issel, et contient une faune très riche, ca-ractérisée par les *lophiodons*. Au-dessus les dépôts gyp-sifères de Castelnaudary contiennent une faune intéres-sante à *paleotherium, xiphodon, cyclostoma formosum, bulimus lævolongus*.

Ces couches se prolongent dans le Tarn et jusque dans le Lot, en passant par Castres et Cordes.

Mais dans les Pyrénées proprement dites, cet ensemble éocène est terminé par un puissant dépôt : le poudingue de Palassou qui constitue, dit Leymerie, « une cuirasse aux Pyrénées, dont il est le dernier élément ».

C'est principalement sur le versant espagnol que cette formation a pris un énorme développement, à la mon-

tagne du Mont-Serrat (près Barcelone) (1), par exemple.
Ici cet étage atteint plus de 1,000 mètres d'épaisseur ;
il est formé de cailloux de dimensions très diverses,
provenant, la plupart du temps, des calcaires crétacés,
mais contenant aussi des roches anciennes.

A tout ceci il convient d'ajouter que dans les Basses-
Pyrénées M. Seunes a signalé l'existence de l'éocène
inférieur, représenté par des marnes à *operculina He-
berti*, surmontant les affleurements garumniens.

Le Mont-Perdu, composé de calcaire noirâtre, contient
des couches de marnes fossiles à *Nummulites Leymerii*.

A Biarritz, l'éocène forme les falaises que tout le monde
connait ; il se divise là en deux étages : zone inférieure
à *serpula* de la côte des Basques, zone supérieure : calcaire à nummulites du phare.

Toutes ces couches sont fortement relevées, et Noulet
a démontré, il y a déjà longtemps, que c'est à cette époque que s'est produit le grand mouvement pyrénéen.

De nombreux épanchements de roches éruptives se
seraient produits à ce moment, et M. Seunes a démontré
que la plupart des ophites des Basses et des Hautes-
Pyrénées et des Landes sont bien des roches récentes
épanchées après le garumnien.

Nous avons déjà rencontré ce nom d'ophite à propos des gîtes salifères et gypsifères du trias, gîtes qu'accompagnent le plus souvent des éruptions ophitiques ; il
ne sera pas hors de propos de nous arrêter un instant à
ce sujet.

Cette question des ophites, de leur âge et de leur ori-

(1) Voyez fig. 3. page 16.

gine a fait l'objet de maintes et maintes discussions ; la plupart des auteurs ont regardé cette roche comme éruptive, et il semble difficile aujourd'hui de ne pas se ranger à cette opinion après les études, les analyses au microscope de M. Michel Lévy.

Au contraire, Magnan, le docteur Garrigou et quelques autres ont pensé que l'ophite était d'origine sédimentaire, qu'elle s'était déposée en même temps que les terrains dans lesquels on la rencontre, et ils ont cité de nombreux points où l'ophite paraissait être interstratifiée.

Mais à cela il est bon de répondre, tout d'abord, qu'il y a ophite et ophite, et que la couleur verte (ορις, peau de serpent) plus ou moins mouchetée n'est pas un caractère suffisant ; car des roches de nature très différente (ce que démontre l'analyse chimique et mieux encore le microscope) ont parfois même apparence, et elles ne peuvent être comparées entre elles.

D'un autre côté, il est juste de dire que pour Magnan les ophites vraies étaient d'origine hydro-thermale, et non des roches sédimentaires ordinaires : ce qui est bien là une circonstance atténuante.

Après les études de M. Michel Lévy, le doute n'est plus possible, car à côté du *diallage*, de l'*augite*, il a trouvé du *fer titané*, de l'*oligiste* de l'*épidote*.

Les ophites auraient apparu à plusieurs époques et Dieulafait admet trois niveaux :

1. Ophites antérieures au dévonien ;
2. Ophites du lias ;
3. Ophites du nummulitique.

Miocène. — Le tertiaire moyen présente également

des alternances de dépôts marins et de dépôts lacustres et quelquefois couches marines et couches lacustres sont de même âge géologique.

D'une manière générale, au-dessus de l'éocène supérieur se rencontre le calcaire à *astéries* de la Gironde, auquel il faudrait joindre quelques faluns bleus des Landes (faluns de Garaux).

Au-dessus un dépôt puissant de molasse à *anthracotherium* constitue les couches de Moissac ; celui-ci est surmonté par une masse puissante de calcaire : calcaire de l'Agenais caractérisé par *helix Ramondi* et *cyclostoma antiqua*. Les bancs supérieurs de cette formation passent à une molasse grise avec *unio flabellifer.*

A ce premier niveau appartient le célèbre gisement de Sansan (Gers), découvert par Lartet, et tout récemment étudié encore par M. H. Filhol : *propithecus antiquus, mastodon angustidens*, *rhinoceros brachypus, dicroceras elegans*, et nombre d'autres espèces.

Le gisement de Valentine se place un peu plus haut dans l'échelle des temps ; c'est là qu'a été rencontré par M. Fontan le *driopithecus antiquus*, espèce du plus haut intérêt pour la question d'origine de l'homme.

M. Gaudry, dans ses *Enchaînements du monde animal*, avait conclu de la formule dentaire de cette espèce que celui-ci pourrait bien avoir taillé les silex de Thenay ; en un mot, qu'il pourrait être notre ancêtre. Mais la découverte par M. F. Regnault d'un nouvel exemplaire plus complet que le précédent a obligé le savant paléontologiste du Muséum à revenir sur sa première assertion, et il a reconnu que, loin d'être un intermédiaire entre l'homme et le singe, le driopthèque de Valentine devait être placé le dernier dans la série des anthropomorphes, et ainsi s'est effondré le fait sur lequel les partisans de l'origine simienne de l'homme appuyaient leurs théories.

Au-dessus de ces dépôts viennent se ranger les gisements du Gers: celui de Simorre entre autres à *Mastodon tapiroides*; mais je dois dire qu'il est bien difficile de ne pas comprendre dans un même tout ces trois gisements, Sansan, Valentine et Simorre.

En même temps que ces dépôts se formaient, se déposaient les faluns jaunes et bleus de Saucats, de Baudignan, dans lesquels on rencontre des ossements roulés de mastodonte.

Pliocène. — Le dernier terme de la série tertiaire, le pliocène, est encore bien douteux comme dépôts lacustres de la plaine sous-pyrénéenne, et cependant Dufrenoy a compris dans cet étage la plupart des hauts plateaux de la vallée de la Garonne.

Dans les Pyrénées-Orientales, la formation pliocène est, au contraire, très développée et bien connue aujourd'hui, grâce aux travaux de M. Déperet.

. Comme dans les séries précédentes, ces dépôts pliocènes sont composés d'alternances de couches marines et lacustres.

Au-dessous d'un cailloutis et de brèches grossières marines qui forment la base du pliocène du Roussillon, se trouve un dépôt marin nettement divisé en deux étages de coloration différente : l'étage inférieur (pliocène inférieur) est composé d'argile sableuse à *nassa semistrata* et correspond aux marnes bleues subapennines ;

l'étage supérieur (pliocène moyen), sables jaunes à *pota-mides Basteroti* et *ostre cuculla*, est l'analogue des sables d'Asti.

Au-dessus se développe un puissant dépôt d'eau douce, ce qui a donné à M. Déperet une faune très abondante et qui correspond aux gisements de Perrier et du Val d'Arno.

Entre ces deux périodes, un mouvement marqué du sol a relevé toutes les couches inférieures suivant une direction déterminée N. 70 E., et le Canigou est apparu ; c'est du moins ce que j'ai signalé il y a déjà des années, et ce que M. Déperet a confirmé de la manière la plus complète.

La fin de cette période pliocène a été marquée par une éruption basaltique dont un affleurement a été reconnu dans l'Aude par M. Viguier : Sainte-Eugénie près Périac-sur-mer, et qui relie les basaltes de la Catalogne (Olott) à ceux de l'Hérault et du massif central (1).

Terrains quaternaires. — Il me reste enfin à décrire les phénomènes qui se sont succédé dans les Pyrénées pendant l'époque quaternaire, et qui ont pris dans cette région un développement considérable et qui tirent un intérêt tout particulier de l'apparition de l'homme.

En avant de la chaîne des Pyrénées, un épais manteau de matériaux détritiques encombre le fond des vallées et s'élève parfois à des niveaux élevés au-dessus

(1) Viguier, *Etudes géologiques sur le département de l'Aude et des Corbières.* Montpellier, 1887, in-8°, avec 12 planches dont une carte géologique de l'Aude à 1 : 320.000.

Dessin de M. de Calmels.

F_{IG}. 4r. — Grotte du Mas d'Azil.

des cours d'eau actuels, formant sur chaque rive des terrasses bien distinctes.

Simultanément se déposait sur les plateaux une nappe
argileuse, véritable Lehm, produit par les agents atmosphériques et résultant de la transformation sur place de
la molasse sous-jacente.

A la base de ces dépôts se trouvent des ossements de
l'*elephas primigenius*, de *rhinoceros tichorrhinus*, *megaceros hibernicus*, etc., etc. Nous sommes là en pleine
faune quaternaire.

Dans la montagne, de nombreuses grottes renferment
des dépôts de cette même époque ; mais dans ces gisements ce sont les carnassiers qui dominent, et notamment l'*ursus spelœus*.

A l'*Infernet* (Haute-Garonne), cette faune à *elephas
primigenius* contient des cailloux de quartzites taillés,
et la présence de l'homme ne peut être mise en doute
(M. Noulet).

Cette contemporanéité de l'homme et de ces espèces
quaternaires devient de plus en plus nette à mesure que
l'on rencontre des dépôts plus récents, lorsque le renne
abonde : grottes de Massat, de Gourdon, de Lartet, du
Mas d'Azil (fig. 41), pour ne parler que des plus célèbres.

Nous reviendrons plus loin sur cette question, en
parlant de l'homme.

Mais quelle est l'origine de ces grands dépôts à *elephas
primigenius* ?

Pendant longtemps M. Leymerie les a déclarés diluviens, et il repoussait bien loin l'origine glaciaire que de
Charpentier le premier avait indiquée et que les travaux
de MM. Martins et Collomb avaient entièrement confir-

mée. A la fin de sa vie cependant, et peut-être à cause de nos recherches, Leymerie a admis cette existence d'une période glaciaire.

Aujourd'hui personne ne conteste plus cette théorie ; il ne reste plus que quelques divergences sur l'âge et l'attribution de quelques dépôts.

Mais dans les Pyrénées, cette étude est rendue difficile par les effets de remaniements postérieurs qui ont voilé la physionomie primitive de ces anciennes moraines.

M. Garrigou a cru reconnaître dans l'Ariège deux époques glaciaires, et il fait remonter jusqu'au miocène supérieur la première extension des glaciers pyrénéens. Ses observations dans les environs de Pamiers lui ont fait voir des intercalations de dépôts à physionomie gla-ciaire dans des bancs de molasse miocène : *dicroceras elegans*.

A Lourdes, MM. Martins et Collomb ont également reconnu deux périodes glaciaires ; mais ils ne se sont pas prononcés sur leur âge.

A Lannemezan, l'énorme dépôt glaciaire qui cou-ronne tout le plateau passerait, suivant M. Garrigou, sous les marnes de Valentine à *driopithecus antiquus*.

Enfin nous avons signalé à notre tour dans le Roussil-lon l'existence de deux dépôts glaciaires séparés l'un de l'autre par des marnes pliocènes à faune nettement ca-ractérisée. Le dépôt glaciaire inférieur s'appuie sur les marnes bleues ; il est relevé comme elles ; tandis que le dépôt glaciaire supérieur (moraine du Boulou) (1) re-pose en lits horizontaux sur le premier.

(1) Voy. page 83, fig. 29.

Mais ces études sont encore incomplètes, elles ont besoin de nouvelles recherches sur le terrain ; les bases seules en sont acquises.

Telles sont les principales dispositions des couches aujourd'hui reconnues dans les Pyrénées. A cela il faudrait encore ajouter quelques coupes en travers de la chaîne pour montrer comment ces divers terrains se comportent dans leur superposition. Mais, comme nous l'avons dit à plusieurs reprises, des accidents multiples ont inversé l'ordre primitif, les couches ont été ployées de mille façons ; enfin dans certains cas elles ont subi des renversements complets ; les coupes, dans ce cas, devraient être multipliées à l'infini : de leur nombre seulement pourrait naître quelque lumière.

Age des Pyrénées.

Il nous reste maintenant à chercher *quand* et *comment* les Pyrénées se sont produites.

Tous les géologues sont d'accord pour admettre que la chaîne des Pyrénées est le résultat de plusieurs perturbations du sol.

Magnan admettait trois époques principales de dislocation :

La première, après le dépôt des terrains de transition ;

La seconde, après le crétacé inférieur ;

La troisième, après le nummulitique.

Cette dernière, de beaucoup la plus considérable, a donné à la chaîne son relief actuel.

Magnan a en effet démontré que :

« 1. Les terrains granitiques et de transition sont con-

cordants, et sur eux reposent en discordance les terrains de la troisième série qui débutent par la formation houillère proprement dite et se terminent par les dépôts crétacés inférieurs. Donc les terrains anciens avaient été disloqués et dénudés avant le dépôt des formations houillère, permienne, triasique.

2. Les couches de la troisième série, composées des terrains houiller, permien, triasique, jurassique et cré-

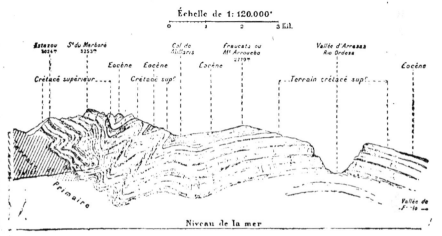

Fig. 42. — Coupe à travers la zone du Mont-Perdu.
Emm. de Marguerie et F. Schrader. (C. A. F.)

tacé inférieur, sont concordantes entre elles, et elles sont surmontées en discordance par des couches détritiques de la craie cénomanienne : ce qui nous conduit à dire qu'il y a eu entre la craie inférieure et la craie moyenne une deuxième dislocation suivie de dénudation.

3. Les terrains de la craie moyenne et supérieure du garumnien, de l'éocène moyen et de l'éocène d'eau douce, reposent les uns sur les autres en concordance parfaite ; ces terrains, comme ceux qui se sont déposés

antérieurement, sont très inclinés, très relevés, et sur eux reposent en couches horizontales les terrains miocènes à *Dinotherium giganteum* : ce qui signifie que les Pyrénées ont été disloquées et érodées une troisième fois entre le dépôt de l'éocène d'eau douce et celui du miocène. » (1).

« A part ces grandes dislocations, il en est d'autres qui ont dû se produire en certains lieux à la suite d'affaissements lents et de vives secousses, ce qui rend compte de la formation des brèches que renferment divers terrains, brèches stratifiées, concordantes avec les bancs environnants, ou plutôt avec les formations de transition et secondaires auxquelles elles appartiennent. Il en est d'autres encore qui ont dû se produire d'une manière presque insensible, sans secousses, par suite d'affaissements très lents, les mers anciennes s'étant retirées peu à peu de manière à permettre :

1º Aux dépôts d'eau douce de la craie supérieure de se déposer en concordance dans la partie orientale de la chaîne sur les argiles à *ostrea vesicularis* et à *ananchytes ovata* ; tandis que, dans la partie occidentale, les dépôts marins de cet âge continuaient à se former ;

2º Au garumnien lacustre de reposer en concordance, d'un côté (Aude, Ariège) sur la craie supérieure d'eau douce, et de l'autre (Haute-Garonne, Hautes et Basses-Pyrénées), sur la craie marine la plus supérieure (craie sénonienne et craie de Maestricht) ;

3º A la formation nummulitique d'atteindre sur les bords de l'Océan une épaisseur considérable, plus de 1500 mètres, tandis que cette même formation ne dépasse pas vingt mètres dans les Minervois (Aude) ;

(1) Magnan, *op. cit.*, p. 100.

4° Aux poudingues de Palassou et aux grès d'argiles d'eau douce de Carcassonne à *lophiodon* et à *paleotherium*, de recouvrir en concordance le terrain nummulitique d'origine marine dans la partie orientale et centrale

FIG. 43. — Couches infléchies, parois occidentales de Marboré.
Photographie et dessin de M. F. Schrader (C. A. F.).

de la chaîne ; pendant que dans la partie la plus occidentale, notamment dans la Chalosse, les sédiments marins de Gaas surmontent ainsi en concordance le même terrain à nummulites (1). »

(1) Magnan, *op. cit.*, p. 100 et s.

Il reste maintenant à chercher quel a été le mécanisme de ces mouvements.

Pour Dufrenoy, la formation est due à l'apparition des granites.

Cette théorie des soulèvements, après avoir été admise sans conteste, fut attaquée violemment, et dans les Pyrénées, Magnan le premier contesta l'exactitude de la théorie du grand maître de la géologie française. Il établit tout d'abord le rôle essentiellement passif des granites primitifs, et il affirma « que les montagnes sont dues à des failles immenses, ou, si l'on veut, à de gigantesques effondrements, provoqués par les vides qui se forment sous l'écorce solide du globe, à la suite d'une contraction lente et continue du globe terrestre due au refroidissement(1). »

Magnan chercha donc dans les Pyrénées ces failles, causes premières des dénivellations, origine des montagnes. Poussant à l'extrême sa méthode, il admit un réseau de trois grands groupes de failles de directions différentes :

1° Faille des Pyrénées proprement dites, dirigées en moyenne O. 7° N. ;

2° Faille des Corbières et du chaînon reliant ce massif à la Montagne-Noire : N. 30° à 36 E.

3° Failles Pyrénéo-Corbiérennes : E.-O.

Il y avait là une exagération véritable, et je ne doute pas que si Magnan eût vécu, il n'eût abandonné dans ce qu'elle avait d'excessif cette première partie de sa thèse. Il aurait reconnu qu'au lieu de toutes ces failles, il en comptait 22, il lui suffisait d'un point primitif de moindre résistance, origine première et continue de « *plissements*

(1) Magnan, *op. cit.*

Fig. 44. — Gouffre du Cotatuero.   Dessin de M. F. Schrader (C. A. F.).

*gigantesques, de refoulements de compressions énergi-
ques* ». Ce sont là ses propres expressions, et voilà l'origine de la théorie qui semble aujourd'hui s'imposer dans
les Pyrénées comme elle l'est déjà dans les Alpes, et à
laquelle nous nous rattachons complètement. Théorie
indiquée en premier lieu par Magnan, confirmée par les
études récentes et plus particulièrement par les recherches
de M. de Margerie sur les plissements de Gavarnie, et
celles de M. Carez sur les phénomènes de recouvrement
qu'il a observés dans l'Aude.

Les hautes régions des Pyrénées sont plus particulièrement favorables à l'étude de ces plissements ; je citerai,
entre autres, la haute chaîne de Gavarnie (fig. 42) qui
« résulte de l'empilement de plusieurs plis couchés les
uns par-dessus les autres et tous déjetés dans le même
sens vers le sud. »

La coupe naturelle au milieu de laquelle s'écoule la
cascade de Gavarnie montre de son côté combien sont
grandes les inflexions des couches (fig. 43). Le cylindre
du Marboré montre « un pli anticlival couché presque
horizontalement et se fermant au sud. »

Toute cette contrée de Gavarnie est intéressante à ce
point, surtout du côté sud. C'est là que l'on trouve ces
immenses effondrements du gouffre de Cotatuero (fig. 44)
et du cirque de Bielsa (fig. 45 et 46).

Les plissements, les contournements que nous venons
de signaler, indiquent bien, par leur étendue considérable, de quelle importance sont ces phénomènes dans
les Pyrénées ; ils montrent bien que c'est là qu'il faut
chercher l'explication désirée.

Mais il faut encore ajouter cette observation capitale :

Fig. 45. — Vue prise au pied du Colatuero. Dessin de M. F. Schrader, d'après nature et sur une photographie (C. A. F.).

il y a déjà longtemps, M. de Boucheporn avait remarqué que les couches des Pyrénées semblaient s'infléchir vers l'axe de la chaîne, effet absolument inverse de ce qui aurait dû se produire si la montagne était due à un soulèvement.

A son tour, Magnan disait : « Nous avons vu les couches qui forment nos montagnes se ployer, se tordre, se courber et généralement *s'incliner vers la ligne de faîte*, au lieu de s'incliner vers la plaine » (1). Et, comme l'ont fait observer avec juste raison MM. de Margerie et Schrader, « cette dernière observation est capitale et suffirait à elle seule pour démontrer que l'explication de la structure de la chaîne doit être cherchée dans des actions de poussée horizontale » (2). C'est là précisément ce que nous pensons ; et nous résumerons ainsi cette *théorie des Pyrénées*.

La zone des Pyrénées n'est autre qu'un point faible de l'écorce terrestre. Par suite de l'effondrement en masse des contrées voisines, il s'est formé en ce point un refoulement vers le centre de cette zone de moindre résistance. Des plis gigantesques se sont produits, se déversant en sens contraire de l'extérieur à l'intérieur.

Ce que l'on avait pris souvent pour des failles ne serait quelquefois que le résultat de plissements suraigus avec disparition par glissement d'une partie des couches. Ces plis sont parfois couchés sur le flanc et produisent des recouvrements anormaux.

Mais, outre ces effets de plissements, il s'est formé un réseau de fissures ; celles-ci, comme dans les expé-

(1) Magnan, *op. cit.*
(2) De Margerie et Schrader, *op. cit.*

Fig. 46. — Cirque de Bielsa ou de Pinède, vue prise de l'Estibète. Dessin de M. F. Schrader, d'après nature (C.A.F.).

riences de M. Daubrée, affectent une direction oblique par rapport à l'axe de pression. Cette force de pression ne paraît pas avoir été d'intensité égale des deux côtés et aux deux extrémités de la chaîne : elles auraient été dirigées du sud au nord dans la partie occidentale ; du nord au sud, dans la partie orientale.

Les Pyrénées, ainsi formées, sont déjà vieilles ; les agents atmosphériques les ont largement attaquées. Très peu modifiées sous le climat de l'Espagne, elles sont au contraire démantelées sur le versant nord. Elles se sont abaissées insensiblement, même depuis l'époque quaternaire ; leurs débris forment le grand plateau de Lannemezan, témoin encore en place de ces apports énormes de masses détritiques arrachées à la montagne.

J'ai cherché à établir quelques chiffres de cet abaissement des Pyrénées, et voici les observations que j'ai recueillies à ce sujet. Le Pic du Midi d'Ossau (fig. 47) est constitué par une masse de porphyre, absolument isolée au milieu d'un cirque de montagnes composées de roches absolument différentes et avec lesquelles il ne peut être fait de confusion. D'après une observation de M. de Bouillé, nous savons que ce pic lance continuellement des débris : blocs souvent énormes et qui roulent le long de ses flancs. Aujourd'hui, tous ces blocs d'éboulement, même les plus volumineux, ne dépassent jamais une limite déterminée. Mais l'on trouve des blocs de même provenance beaucoup plus loin : nous pouvons donc supposer que lorsque ceux-ci se sont détachés du sommet, celui-ci avait une force de projection d'autant plus grande qu'il était plus élevé. Nous pouvons donc établir, d'après ces deux observations, une sorte de proportion : par le

Fig. 47. — Pic du Midi d'Ossau.

calcul nous trouverions qu'au lieu du chiffre de 2,880 que mesure aujourd'hui ce sommet, il faudrait lui assigner plus de 6,000 m. J'ajouterai qu'une autre série d'observations, différentes il est vrai, et qui ont trait au remplissage de la vallée de la Garonne, me permet de dire que les Pyrénées devraient s'élever à 8,000 m. environ.

D'un autre côté, il est facile de constater que les blocs lancés par le Pic du Midi d'Ossau recouvrent des dépôts morainiques d'un âge géologique connu : époque quaternaire, d'où nous pourrons conclure que cette dégénérescence de la montagne est relativement récente.

II. — Mines.

Des exploitations minières importantes se rencontrent en certains points des Pyrénées, et les gîtes de minerais de fer de l'Ariège, des Pyrénées-Orientales donnent lieu à des exploitations sérieuses. Nous ne pouvons en dire autant des autres recherches de minerais métalliques ; car les filons de galène, de cuivre, etc., ont trop d'irrégularité, la plupart du temps, pour permettre l'installation de grandes exploitations ; et ce n'est pour ainsi dire que par exception que nous signalerons des mines fructueuses de plomb, de cuivre.

Or. — Il n'y a pas longtemps que les orpailleurs ont abandonné la recherche des paillettes d'or que contiennent les alluvions de la vallée de l'Ariège et de la Garonne. Malgré toutes les recherches qui ont été faites dans les montagnes d'où descend l'Ariège, il a été impossible jusqu'à présent de trouver en place la roche qui contenait l'or des Pyrénées.

Malgré les procédés tout primitifs employés dans le lavage des sables par les orpailleurs, la quantité d'or ainsi recueillie était assez considérable ; car on trouve, dans les comptes de la monnaie de Toulouse, qu'il était apporté jusqu'à 220 marcs d'or, provenant de l'Ariège, du Salat et de la Garonne.

Le baron de Dietrich (1) nous a laissé quelques renseignements sur cette industrie aujourd'hui disparue.

L'Ariège devient aurifère du côté de Campagnac, au nord de Foix, et ce n'est qu'en très petite quantité qu'on y trouve des paillettes d'or ; mais, à mesure qu'on s'étend vers le nord, elles deviennent plus abondantes, et le village de Varilhes sert ordinairement de terme aux excursions des orpailleurs de la ville de Pamiers.

Dans l'étendue du pays contenue entre Campagnac et Averdun, toutes les ravines et ruisseaux qui reçoivent leurs eaux, et qui se jettent dans l'Ariège, sont également aurifères. Tels sont ceux de Rieux, de Peyreblanque, de Baron, de la Caramille, de la Goute, etc.

Les paillettes les plus considérables se trouvent entre Varilhes et Pamiers ; d'après M. Pailhès, on en avait trouvé qui pesaient 15 grammes.

Les endroits les plus abondants de ce canton sont les rivages de l'Ariège, dans la plaine de Bénagues, près du château Guillot, le long de la maison de Longpré qui appartenait à l'évêque de Pamiers ; les bords des ruisseaux de Bénagues, de Ferriès, de Rieux, de la Grosse-Milly, de Trébout, etc.

(1) *Description des gîtes de minerais des Pyrénées* (1786).

Les paillettes s'y trouvent toujours isolées et déta-
chées (1).

Les deux méthodes employées par les orpailleurs de
l'Ariège étaient primitives l'une et l'autre, et demandaient
un long travail pour obtenir de bien petites quantités de
métal précieux.

Voici, d'après Dietrich, quelle était leur manière de
faire :

« Avec une pioche nommée *anduza*, ils creusent des
trous dans le rivage jusqu'à ce qu'ils arrivent sur le dépôt aurifère appelé *balme*. Avec ce même outil, ils mettent, dans un plat de bois, la *grésale*, le sable et les cailloux ensemble ; les plus grands de ces cailloux n'excè-
dent pas la grosseur d'un œuf, parce qu'ils écartent ceux
qui sont plus gros.

Ce plat étant ainsi rempli de gravier et de sable, ces
hommes vont nu-pieds à quelques pas dans la rivière ou
le ruisseau.

Ils commencent à mettre leur plat sous l'eau ; ils re-
muent d'une main la terre contenue dans le plat, et
retirent à eux et hors du plat les cailloux, tandis qu'ils les
tiennent de l'autre main. Lorsqu'ils ont séparé de cette
façon les parties de terre les plus grossières, ils retirent
leur bassin à la surface de l'eau, et laissent une portion
d'eau dedans, pour couvrir le sable qui y reste. Ils im-
priment à cette eau un mouvement de rotation, en incli-
nant très peu le plat vers la rivière, de manière que les
parties les plus légères sont entraînées vers les bords, et
que les plus pesantes se réunissent au centre : ils frap-

(1) Dietrich, *op. cit.*, t. I, p. 10 et s.

pent enfin, à plusieurs reprises, la rivière avec la partie inclinée du plat : ce qui fait encore déposer les parties les plus pesantes, et entraîner les plus légères par l'eau que ce mouvement y admet et en rejette ; ils décantent le surplus de cette eau lentement, en donnant toujours un petit mouvement de rotation ; il reste au centre du plat un sable quartzeux gris, noir et rougeâtre, fortement attirable à l'aimant, contenant des paillettes d'or très visibles et plus ou moins grandes ; alors ils font entrer un filet d'eau dans le plat avec lequel ils font écouler le sable aurifère lavé, dans une *écuelle* en bois plus petite.

L'humidité de ce sable fait qu'il se fixe au fond, de manière que ces gens mettent leur petite écuelle tout ouverte dans leur poche sans que le sable en sorte.

La seconde manière de faire la cueillette d'or dans le comté de Foix exige une machine de plus.

Celle de ces machines que j'ai vue est une planche ou table à laver, de cinq pieds quatre pouces de long, sur environ 21 à 22 pouces de large, ayant, à chacun de ses côtés longs, un rebord de 18 lignes de hauteur ; les deux extrémités sont sans rebords.

Cette planche est partagée dans sa longueur en deux parties inégales, par un liteau d'environ huit lignes de hauteur, dont la base joint bien à la planche. La partie supérieure a 19 à 20 pouces, et l'inférieure le reste de la longueur de la planche. Je dis la supérieure, parce que la planche s'incline sur un support quelconque d'environ 20 pouces de hauteur.

On cloue sous le liteau une espèce de toile d'emballage bien serrée, qui s'étend depuis le liteau jusqu'à l'extrémité inférieure de la planche ; et on attache en-

core au liteau, par-dessus cette toile, une petite bavette
de grosse laine d'environ 6 pouces de hauteur, qui occupe toute la largeur de la planche.

On met le gravier et le sable avec la pelle ou *anduza*
sur la partie supérieure ; on y verse de l'eau avec la grésale ; on remue successivement le sable avec les mains ;
les paillettes d'or les plus considérables se déposent sur
la bavette, et les plus menues sur la toile.

De l'une et de l'autre manière on obtient un sable fin,
pesant, noir et rougeâtre, ferrugineux et quartzeux,
qui renferme les paillettes. Les orpailleurs passent
ce sable au mercure, dont ils évaporent ensuite l'a nal-
game (1). »

« L'Ariège et les terrains qui l'avoisinent ne sont
pas les seuls du comté de Foix dont on retire l'or. On
en fait la cueillette dans quelques autres endroits encore ;
mais ce travail est encore plus négligé qu'aux environs
de Pamiers.

Voici les principaux de ces endroits :

Le ruisseau de Pailhès, près le bourg de ce nom, situé
sur la route de Pamiers, au Mas d'Azil ;

Le ruisseau de la Béouze, près la Bastide de Sérou,
sur la route de Foix à Saint-Girons ;

Le ruisseau de Pitrou, sous la métairie de Mazères,
à l'est de la Bastide ;

Le ruisseau de Harize à Durban même ;

Le ruisseau d'Ordas près de Durban et le ruisseau de
Saint-Martin.

J'ai fait laver du sable dans tous ces ruisseaux ; ils

(1) Dietrich, *op. cit.*, t. I, p. 14 et s.

m'ont tous fourni de l'or ; ils sont tous dans des collines ou montagnes avancées des Pyrénées, qu'on distingue dans le pays sous le nom de montagnes de terre. Ces
ruisseaux traversent tous des ravins terreux et caillouteux.

La plupart des observations faites dans ce mémoire
peuvent aussi s'appliquer au Salat, rivière de Couserans.

La cueillette s'y fait aussi, mais très rarement, du côté
de Soueix et de Saint-Sernin, au sud-est de Saint-Girons,
au ruisseau de Nert, depuis l'endroit nommé Riverenest,
qui se jette dans le Salat au-dessus de Saint-Girons, et
auquel les orpailleurs attribuent en partie l'or du Salat ;
mais le travail le plus ordinaire des orpailleurs se fait
au-dessous de Saint-Girons, depuis Bonrepaux jusqu'à
Roquefort. Ce sont principalement les femmes qui s'en
occupent dans cette partie (1). »

Les sables des rivières du Tech et de la Tet (Pyrénées-
Orientales) contiendraient également des paillettes d'or ;
et, au moyen âge, quelques orpailleurs exploitèrent ce
gisement, sans doute peu abondant.

Mines de fer. — Les mines de fer des Pyrénées ont été
exploitées dès la plus haute antiquité, et l'on a retrouvé
en plusieurs points, dans l'Ariège principalement, des
restes d'anciennes exploitations.

Les minerais de l'Ariège, des Pyrénées-Orientales, peuvent être traités directement, car ils portent avec eux
les fondants nécessaires; un simple mélange de charbon
de bois et de minerais permet d'obtenir du fer métallique, et toute l'habileté consistait à conduire le feu

(1) Dietrich, *op. cit.*, t. I, p. 24 et s.

de telle façon que la réduction fût complète, et que le
fer ainsi obtenu ne fût pas brûlé.

Cette méthode, connue sous le nom de traitement à la
Catalane, a été employée pendant longtemps dans toute
la chaîne des Pyrénées ; mais la disparition des forêts a
rendu le charbon trop coûteux, et les forges au bois ont
cédé le pas aux hauts fourneaux alimentés à la houille.

Jusqu'à cette année une forge à la Catalane avait été
conservée au voisinage des mines de Vicdessos (Ariège) ;
c'était en quelque sorte une relique des temps passés ;
mais elle a éteint ses feux cette année, ne pouvant pas
arriver à couvrir ses frais.

Comme nous l'avons déjà dit, l'on doit à M. Jacquot
d'avoir déterminé l'âge géologique des dépôts de fer des
Pyrénées ; tous seraient en rapport direct avec la dalle
Cambrienne, et ainsi tombent toutes les hésitations des
géologues.

Nous signalerons les gîtes les plus importants.

Massif du Canigou. — Les gisements du Canigou se
divisent en deux régions bien distinctes : celle de Prades
et celle de Batère.

Dans la région de Prades, on compte neuf concessions, dont la plus vaste est celle de Fillols ; je citerai
en particulier la minière Auber, qui est recouverte en
grande partie par les dépôts glaciaires.

Les concessions de Batère, au nombre de 16, occupent une surface qui ne dépasse guère 4 kilomètres
carrés. « Ce qui explique un si grand nombre de concessions sur cette surface, c'est que les gîtes y étaient

nombreux, isolés, les minerais consommés en faible
quantité sur les lieux, proportionnellement aux besoins
des maîtres de forges du pays (1). »

« L'examen des concessions et des gisements montre :
1° qu'il n'y a pas en général de minerai sans calcaire ;
2° que les gîtes sont superficiels et diminuent de puissance en profondeur ; ils sont généralement au-dessus
des vallées ; 3° qu'à une profondeur qui dépasse rarement 40 à 50^m au-dessous des affleurements, le minerai passe au carbonate quelquefois pur, mais le plus
souvent pyriteux, quartzeux et friable ; 4° les gîtes
sont intercalés suivant la stratification ; ils ont généralement pour toit le calcaire (2), pour mur le schiste ;
leur forme est essentiellement lenticulaire ; leur allure
est subordonnée à celle du terrain encaissant. »

Les sources minérales qui ont déposé ces minerais de
fer arrivaient près de la surface, en suivant les lignes
favorables, telles que le contact des schistes et des calcaires, et les gîtes se sont formés sur le thalweg qu'elles
ont suivi.

« Les minerais du Canigou se présentent sous trois
formes différentes :
1° Fer oxydé provenant de la décomposition du carbonate ;
2° Hématite brune, compacte ou fibreuse ;
3° Carbonate ou minerai blanc.

Ils sont de qualité supérieure et très appréciés pour
la fabrication des aciers, en raison de leur teneur en
manganèse. »

(1) Czyskowski. *Région fer. du Canigou*, p. 23.
(2) Dalle *Cambrienne* de M. Jacquot.

Les *mines de fer de l'Ariège* ont une importance plus
considérable que celles du Canigou, et, comme elles, on
doit les considérer, pour la plupart, comme appartenant
au système de la dalle Cambrienne de M. Jacquot.

Le gîte de *Rancié,* près Vicdessos, exploité depuis plus
de 600 ans, comme nous le verrons plus loin, est le
plus important de tous.

« Les couches de la montagne de Rancié sont verticales,
et l'une d'elles est tellement pénétrée d'hématite brune,
accompagnée d'hématite rouge, de fer spathique et
quelquefois d'oxyde de manganèse, que le minerai de fer
peut y être considéré comme la roche dominante. En
effet, non seulement le calcaire est imprégné d'oxyde de
fer de manière à y être souvent masqué, mais un grand
nombre de veines sont remplies d'oxyde pur. On y trouve,
comme dans les filons, des druses cristallines, des cavités
tapissées de couches concentriques d'hématite brune et
rouge.

Cette couche a été reconnue, depuis la cime de la
montagne jusqu'à sa base, sur une hauteur de 600 mètres ;
on n'en connaît pas la limite inférieure. La puissance
moyenne est de 20 mètres ; elle va jusqu'à 40 dans les
renflements et quelquefois est étranglée à 4 mètres.
Ce beau gîte métallifère est un véritable stokwerk
(Burat).

Cette allure remarquable du gîte de Rancié a été étudiée avec le plus grand soin par M. l'ingénieur François,
et nous emprunterons à ce savant géologue quelques détails à ce sujet : « C'est presque exclusivement dans les
alternances calcaires que les gîtes se présentent à la fois
plus nombreux, plus riches et plus étendus. Telles

sont les mines de Rancié, de Lercoul, de Miglos et la plupart de celles de Larcat et du Pech de Gudanes. L'allure de ces mines est fort irrégulière : tantôt elles se présentent parallèle aux couches calcaires, tantôt elles s'inclinent plus ou moins sur ces couches.

Les variations dans la puissance des gîtes sont surtout frappantes. Dans leur ensemble, les mines encaissées dans les calcaires présentent des gîtes en chapelet. Les renflements et les rétrécissements se succèdent avec rapidité. En outre, la masse métallique, est souvent recoupée par des calcaires ferrifères, tantôt en masses intercalées, affectant le plus souvent parallélisme avec le gîte, tantôt en appendices ramuleux, irréguliers, partant du mur et du toit, et les reliant quelquefois. De telle sorte que souvent une mine pourrait être représentée par l'ensemble de plusieurs couches métallifères divisées par des appendices et des fragments irréguliers de strates de calcaires ferrifères. D'autres fois les gîtes présentent des branches irrégulières, inclinées sur la direction générale, qui offrent assez l'aspect de filons croiseurs. Ce phénomène se remarque surtout au mur.

Si on examine la nature du minerai par rapport à l'étendue du gîte, à la forme et à la position des calcaires encaissants, on remarque deux variétés principales : le fer carbonaté et le fer hydroxydé compact, plus ou moins manganésifère.

Le fer carbonaté est d'un blond ferrugineux, assez rarement rhomboédrique ou lamellaire, le plus souvent à petites facettes. On l'observe au voisinage des roches calcaires, surtout au toit et à la limite des roches intercalées. Il se présente en veinules et petits amas irréguliers

au toit et au mur, jusqu'à une profondeur de 2 à 6 mètres.
Il est associé à des carbonates de manganèse, de chaux et de
magnésie. On ne le rencontre guère que là où les eaux
d'infiltrations ont un difficile accès, à l'aval des étran-
glements et aux points où les gisements présentent une
faible inclinaison. Au voisinage des calcaires, il est chargé
de carbonate de chaux, dont la teneur diminue à mesure
que l'on s'avance dans la masse métallique. Mais il est rare
de le rencontrer en masse considérable dans un état d'entière conservation. L'action des forces électro-chimiques
et des eaux d'infiltration en a modifié rapidement la
nature. Les carbonates métalliques se décomposent, les
oxydes se suroxydent et s'hydratent. On a, d'une part, du fer
peroxydé, hydraté, et du deutoxyde noir de manganèse ;
d'autre part, du carbonate de chaux, de l'acide carbonique, dont une partie se combine avec le carbonate de
magnésie pour donner un bicarbonate soluble. C'est
l'acide carbonique, ainsi mis en liberté, qui quelquefois
remplit le fond de certaines mines de fer et en rend les
abords dangereux.

Suivant l'abondance des eaux d'infiltration, les phénomènes de décomposition du fer carbonaté donnent
lieu à des produits différents quant à la nature et à l'aspect. Si ces eaux sont peu abondantes, l'altération du
carbonate s'opère sans déplacement des parties métalliques. La chaux carbonatée est entraînée en grande partie ; la magnésie disparaît à l'état de bicarbonate ; il ne
reste que les oxydes métalliques à l'état de suroxydes hydratés. Souvent alors ces derniers conservent la forme
rhomboédrique ou lamellaire du fer carbonaté, et donnent des épigénies fortement colorées en noir par le

deutoxyde de manganèse que l'on nomme mine noire.
Dans le cas où la mine est épigène, les mineurs la dési-
gnent sous le nom de mine à *gra de gabach* (grain de
blé noir).

Mais si les eaux d'infiltration sont abondantes, surtout
si elles agissent sous une forte pression, non seulement
elles activent la décomposition, mais aussi elles donnent
lieu à des phénomènes de déplacement fort remarquables. Les eaux agissent par voie de dissolution, soit sur
les carbonates, soit sur les oxydes métalliques qu'elles entraînent et décomposent à l'état d'oxydes hydratés stalacti-
formes, géodiques et concrétionnés. Mais en même temps
ces eaux exercent leur action à la fois érosive et dissolvante, soit à l'intérieur, soit sur les parois du gîte, et y creusent des cavités irrégulières qui se remplissent ultérieure-
ment des oxydes hydratés métalliques. De là ces belles
hématites brunes concrétionnées et ces variétés de manganèse bacillaire que l'on recherche à Rancié. Le manganèse
oxydé noir s'est surtout déposé à l'état pulvérulent. Il
n'est point associé avec le fer hydroxydé aussi également
et aussi intimement que dans les mines noires épigènes.
Il n'y est pas non plus en aussi grande quantité. Souvent
on le rencontre associé à de l'argile ; il forme des couches
concentriques et alternantes avec le fer hydroxydé sur
les concrétions et sur les stalactites. D'autres fois il prend
l'aspect argentin, et tapisse, soit d'une couche, soit de
dendrites ramuliformes, l'intérieur des géodes d'hématite.
Il arrive fréquemment que sur l'intrados des voûtes de
chantiers creusés dans la mine noire on remarque, à l'état
de formation, des stalactites de manganèse oxydé argentin.

L'érosion des roches encaissantes par les eaux d'infiltrations se manifeste surtout au mur, là où elles ont le plus facile accès. On remarque que leur surface se présente lisse et bosselée par suite de l'inégalité de résistance des différentes parties de la roche calcaire à l'action dissolvante des eaux. En général, les calcaires argileux et ferrifères ont plus persisté que les calcaires gris compacts. Aussi arrive-t-il souvent que des rognons de calcaires résistants ont été détachés par suite de dissolution des parties voisines, et donnent de véritables blocs roulés qui se montrent au mur, surtout à la partie inférieure des mines. Ces blocs sont empâtés dans les argiles provenant des parties inattaquables par les eaux. Or remarque à la mine de Becquez (Rancié) de véritables couloirs de blocs et d'argiles entraînés par les eaux entre le mur du gîte et un massif de minerai vierge. Ces argiles, identiques au résidu que donnent les calcaires encaissants attaqués par un acide faible, sont le plus souvent chargées de manganèse oxydé noir, entraîné par les eaux. Elles se rencontrent dans les fissures du minerai, dans les géodes, et le plus souvent entre les massifs de fer oxydé hydraté et les parois du gîte. C'est surtout au mur qu'on les observe. Elles y forment une espèce de salle-bande argileuse, sur laquelle repose le minerai hydroxydé qui ne passe jamais aux calcaires encaissants, et s'en trouve toujours séparé. Fréquemment on voit sur ces salles-bandes d'argile des faces lisses recouvertes de stries, et dans les massifs vierges de fer oxydé hydraté des fentes, poils et fissures qui attestent un déplacement de la masse ferrifère. Ce phénomène s'explique par l'agrandissement progressif des dimensions de l'intérieur du gîte sous l'action incessante et soutenue des eaux souterraines.

A ces phénomènes d'altération et de déplacement, nous ajouterons la formation par voie aqueuse, dans l'intérieur du gîte, de chaux carbonatée lamellaire, plus ou moins ferrifère, et quelquefois manganésifère, de chaux carbonatée concrétionnée, stalactiforme et rhomboédrique. Ces variétés se rencontrent surtout sur les parois du gîte ; on les trouve aussi dans les fissures et dans les cavités géodiques du minerai et à la surface de l'hématite stalactiforme et concrétionnée en formation actuelle.

En outre, on rencontre, mais plus rarement, du quartz hyalin et du quartz ferrugineux, carié, quelquefois pulvérulent et en poussière impalpable. Ce quartz ne viendrait-il pas de la décomposition d'hydrosilicate d'alumine qui se rencontre en veinules et en petits filons ? Quelquefois la poussière en est reliée par une pâte subcristalline de chaux carbonatée. Il est presque toujours aux parois des géodes d'hématite concrétionnée.

En résumant ce qui précède, on voit que dans les mines encaissées dans les formations calcaires, la nature primitive du minerai paraîtrait être du fer carbonaté manganésifère, ramené en partie, ou en totalité, à l'état d'oxydes hydratés de fer et de manganèse par l'action des forces électro-chimiques et des eaux souterraines (1). »

Cette opinion de M. Jules François sur la nature primitive des minerais de Rancié est parfaitement confirmée par la manière d'être des mines du Canigou, de même âge, avons-nous dit ; là effectivement la base des gîtes est composée de fer carbonaté.

Dans un autre groupe de gisements, intercalés dans des

(1) Jules François, p. 90 et s.

calschistes, des micaschistes, le minerai semble provenir de la transformation de pyrites. « Les éléments du fer sulfuré sous l'action des eaux d'infiltration donnent naissance à un sulfate neutre ; celui-ci, dissous par les eaux et entraîné à l'extérieur, se décompose au contact de l'air. Il donne un sel acide, soluble, qui fournit des eaux acidulées comme celles d'Aston, de Setein, etc., et un soussel basique, qui lui-même s'altère rapidement et dépose de l'hydroxyde de fer (1). »

Par suite de changements secondaires, la masse ferrugineuse varie de composition, et s'allie aux oxydes de manganèse qui abondent dans les roches encaissantes.

L'on a encore signalé des minerais de fer dans les terrains secondaires et tertiaires de cette région ; mais ils n'ont aucune importance.

Le gisement le plus important après Rancié est celui de Puymorins, exploité par la Compagnie des forges de l'Ariège.

Le minerai qu'elles fournissent est fort riche ; voici sa composition :

Perte au feu 12.40
Peroxyde de fer 73.60
Oxyde rouge de manganèse. . . 3.00
Alumine 6.00
Silice et quartz. 5.20
—————
100.20

Richesse en fer, 52.60 pour 100.

Les mines de Rancié ont été exploitées dès la plus haute antiquité, et elles ont toujours été une sorte de

(1) Jules François, p. 76.

propriété commune, que les habitants du pays ont seuls le droit d'exploiter.

Dès 1293 on trouve mentionné dans une charte de Roger-Bernard, comte de Foix, « *le droit pour tous ou chacun de tirer du minerai des mines de fer de la vallée, de couper les arbres et charbonner dans les forêts* ». — Les mineurs, maîtres et détenteurs du minerai, tiennent dans leurs mains le sort de la population de la vallée.

Ils ont les maîtres de forges sous leur dépendance absolue.

De là des querelles incessantes. Pour les apaiser et concilier les intérêts en présence, il faut, à plusieurs reprises, réglementer le droit d'exploitation de la mine, et jusqu'à ces derniers jours une ordonnance royale de 1843 avait réglementé cette question de Rancié.

D'après ce règlement, les habitants de la vallée de Vicdessos ont seuls le droit d'être inscrits à l'*Office des Mineurs*. L'inscription a lieu par le préfet sur une liste de présentation dressée par les maires des huit communes concessionnaires. Une fois inscrit à l'*Office*, à moins d'expulsion pour des faits d'une gravité exceptionnelle, le mineur a le droit, sa vie durant, tant qu'il peut tenir un pic, d'aller travailler à la mine tous les jours où elle est ouverte ; il a le droit d'y abattre par jour une quantité de minerai administrativement fixée, et il vend directement, sur le carreau de la mine, le minerai par lui abattu et extrait. La vente doit se faire au comptant, à un prix fixé par le préfet, sans tour de faveur, entre les muletiers acheteurs ; le premier d'entre eux arrivé sur la place, à l'orifice de la mine, a le droit d'être servi le premier.

Parfois le mineur travaille seul : une hotte sur le dos, une lampe à la bouche, un pic sur l'épaule, une petite corne remplie d'huile à la ceinture, il descend au chantier qui lui a été désigné ; il suspend la lampe au premier rocher commode, il arrache le minerai avec son pic, plus rarement à la poudre qu'il doit payer. Lorsqu'il a abattu une quantité suffisante de minerai, il l'arrange dans la hotte, le charge sur les épaules, reprend la lampe à la bouche, et regagne l'entrée des galeries où il vend son minerai au muletier, pour recommencer son voyage, parfois extraordinairement long et pénible, jusqu'à ce qu'il ait sorti de la mine la quantité qui a été officiellement fixée pour la journée.

Plus fréquemment, aujourd'hui, les ouvriers travaillent par compagnies entre lesquelles ils se réunissent librement en groupe de quinze à vingt ; ils s'y partagent les tâches : les uns, les *peyriers*, arrachent la mine ; les autres, les *gourbatiers*, l'enlèvent et la transportent au jour. Depuis 1865 on a bien posé des rails dans la galerie principale ; mais on a simplement par là rendu moins pénible la tâche des gourbatiers. Aucune amélioration ne peut être apportée au travail intérieur avec l'organisation actuelle.

L'entreprise est administrée par le préfet avec le concours des ingénieurs des mines aidés d'un conducteur et par les jurats nommés par le préfet parmi les mineurs sur les listes de présentation dressées concurremment par les maires des communes et l'ingénieur ordinaire des mines.

Le rôle de l'administration se réduit à une direction technique et de police : elle prépare les massifs à abattre, veille à la police du travail et à la discipline du personnel, assure la sécurité de la mine et le bon ordre dans les chantiers. L'administration n'a pas à s'occuper de tout ce qui se rapporte à une direction commerciale ; il ne peut d'ailleurs pas en exister avec le mode d'organisation actuel.

Ce mode d'organisation implique le maintien du muletage ; en fait, le muletier doit acheter et payer le minerai comptant, sans tour de faveur, au premier mineur qui sort de la mine, il tient une place importante dans le règlement. C'est encore par le muletage que les minerais de Rancié descendent les six kilomètres de lacets qui rachètent les 3oo mètres d'altitude séparant le carreau de la mine du fond de la vallée (1). A côté des mineurs et des muletiers s'est créé, par la force des choses, une troisième catégorie de personnes d'une tout autre nature : les entreposeurs ou magasiniers. Ce sont des négociants de Vicdessos qui, d'une part, achètent le minerai pour le vendre aux consommateurs — ils achètent soit directement sur le carreau de la mine, par des muletiers à leur service, soit à tous autres ayant descendu leur chargement dans la vallée ; — d'autre part, les magasiniers vendent aux mineurs les denrées de la vie domestique.

Cette organisation eût pu subsister si les choses étaient restées ce qu'elles étaient en 1833 ; mais tout a changé depuis lors, tandis qu'elle restait immobilisée dans ses vieilles formules. En 1833, l'industrie sidérurgique était

(1) En 1865, l'administration n'a pu faire accepter le projet d'un plan incliné, qui rendrait la descente du minerai plus rapide et surtout plus économique.

encore ce qu'on l'avait connue dans les siècles antérieurs. 74 forges catalanes, dans la vallée de l'Ariège
seulement, utilisaient chacune le charbon des forêts qui
l'environnaient en produisant, avec une consommation
relativement énorme de minerai, des quantités très minimes, par établissement, d'un fer excellent qui se ven-
dait très cher (1). Dans ces conditions, on se disputait
le fer de Rancié, la seule mine qui alimentât ces forges ;
l'Office des mineurs comptait 450 ouvriers ; la mine produisait 25,000 tonnes par an.

Depuis, l'industrie du fer au bois a disparu ; toutes
les forges catalanes sont éteintes ; le réseau perfectionné
des voies ferrées a mis toutes les usines en concurrence,
où qu'elles soient placées, obligeant même celles qui
sont les mieux situées à ne négliger aucune économie.

Aujourd'hui les mines de Rancié, avec le prix de revient exorbitant qui résulte de leur organisation, n'ont
plus qu'un seul débouché, les hauts-fourneaux de la
Société métallurgique de l'Ariège, un seul acheteur qui
ne veut payer le minerai qu'au prix du marché normal ;
il n'en utilise que des quantités d'autant plus faibles
qu'il doit le payer plus cher. De là résulte que l'extraction
de Rancié est tombée à 10.000 tonnes, voire même à
8.000 en 1889, soit aux deux tiers de l'ancienne production, et cela pour un office des mineurs que l'on ne
peut pas réduire. Il n'y a plus de prix de vente fixé par
l'administration et la Société métallurgique peut toujours
le payer ce qu'elle veut, les prescriptions administratives

(1) La production annuelle en France est de 1.466.865 q. m. ;
l'Ariège en produit 51.000, soit 1/28.

ne pouvant prévaloir contre les lois de l'économie politique. Aussi le salaire annuel du mineur est tombé au-dessous de toutes les prévisions, aux environs de 300 francs, et la misère envahit une vallée qui fut jadis florissante.

Pour porter remède à toutes ces difficultés, le Sénat a ratifié le projet de loi suivant.

PROJET DE LOI

ARTICLE PREMIER. — La mine de fer de Rancié, concédée, par une ordonnance royale du 31 mai 1833, aux huit communes de Vicdessos, Sem, Goulier-et-Olbier, Suc-et-Sentenac, Orus, Saleix et Illier-Laramade, constituant la vallée de Vicdessos (Ariège), sera administrée par un comité de onze membres, élus par les Conseils municipaux des huit communes précitées, à raison de deux membres pour chacune des communes de Vicdessos, Sem, Goulier-et-Olbier, et de un membre pour chacune des cinq autres communes.

ART. 2. — A la suite de chaque renouvellement intégral d'un Conseil municipal, il est procédé par ce Conseil à l'élection des membres du comité dont la désignation lui appartient.

Ne peuvent être élus ou nommés membres du comité que des habitants des huit communes inscrits sur les listes électorales politiques.

ART. 3. — Le comité peut être dissous par un décret motivé du Président de la République.

ART. 4. — Le comité a tous pouvoirs pour exploiter la mine et en vendre les produits.

L'exploitation de la mine de Rancié constitue une entreprise soumise au droit commun des mines, distinctes des biens et services communaux, et qui ne pourra, en aucun cas, être une cause de dépenses ou de recettes pour le budget des communes.

L'entreprise este en justice par son comité ou ses représentants.

Le comité nomme parmi ses membres un président, un vice-président et un secrétaire.

Partie des pouvoirs du comité peut être déléguée par lui soit à l'un de ses membres, soit au directeur de l'exploitation.

Art. 5. — Les ouvriers occupés dans la mine et ses dépendances sont exclusivement choisis parmi les habitants de la vallée de Vicdessos.

Les bénéfices annuels de l'entreprise appartiennent à l'ensemble des ouvriers qui ont été occupés dans la mine et ses dépendances au cours de l'année.

Art. 6. — Les travaux sont conduits par un directeur de l'exploitation, ayant sous ses ordres, pour leur surveillance, des chefs mineurs ou jurats, choisis parmi les ouvriers.

Art. 7. — Un règlement d'administration publique déterminera les attributions, le mode de nomination et de fonctionnement du comité et de ses délégués, du directeur et des employés de l'exploitation.

Forges à la catalane. — Le traitement direct des minerais de fer a pris naissance dans l'Orient, et il est parvenu dans les Pyrénées par l'Espagne, d'où son nom de traitement à la catalane.

Le premier système employé dans l'Ariège, anciens feux catalans, était mis en mouvement à bras d'homme, et la tradition rapporte que ces feux étaient alimentés par des soufflets en peau (*bouto*). On rencontre encore vers la haute chaîne, et loin de tout cours d'eau, des amas de scories qui accusent la présence de forges à bras.

Vers le XIIe siècle, par suite d'alliances entre les

Fig. 48. — Forge à la Catalane. D'après une peinture de M. Sans de Sauval. Dessin de M. de Calmels.

comtes de Foix et les maisons de Navarre, les feux bis-
cayens furent introduits dans l'Ariège. Ceux-ci usaient
de l'eau pour actionner le marteau (*mouli de fer*).

Le creuset était alors rond et profond, et ne pouvait
recevoir qu'une quantité peu considérable de minerai.
Dès le milieu du xviie siècle, les feux s'aplatirent et se
rapprochèrent de la forme rectangulaire, qu'ils conser-
vèrent toujours.

Une forge à la catalane perfectionnée se composait :
d'un creuset, ou feu, d'une machine soufflante, trompe
des Pyrénées, et d'un marteau (*mail*) de 600 kil. environ. Le tout occupant une halle de 200 mètres carrés de
surface.

La disposition la plus générale d'une forge est la suivante (fig. 48).

Le mur de l'usine sert de soutènement au bassin qui
renferme l'eau nécessaire à la soufflerie et au mail.

Le *feu* ou creuset est appuyé à l'un des murs de la halle ;
il est établi dans un massif de grosse maçonnerie en
argile et en pierre sèche. Le fond du creuset est formé
par une pierre, ordinairement une vieille meule de moulin. Au-dessus de cette pierre, s'élèvent les quatre faces du
feu : petits murs de 0, 72 de haut. En un point d'une de
ces faces est pratiquée une ouverture (*trou de chio*) garnie
d'argile, et par où peut s'écouler le laitier. Ces différentes
faces sont garnies de pièces de fer, sauf d'un côté (la *cave*)
qui est entièrement construit en maçonnerie liée par de
l'argile.

Le feu est alimenté par une *trompe* ; celle-ci se compose
d'un bassin supérieur contenant l'eau d'alimentation, de
deux arbres creux, et d'une caisse inférieure. A leur ori-

fice supérieur les arbres sont étranglés par des planches ; et au niveau de cet étranglement les arbres ont leurs parois percées de trous inclinés, que l'on nomme aspirateurs. Enfin ces arbres entrent dans la caisse inférieure ; celle-ci porte deux ouvertures : l'une inférieure, qui laisse écouler l'eau ; l'autre supérieure par laquelle s'échappe l'air entraîné par la colonne d'eau qui se précipite dans l'arbre creux.

Pour obtenir à volonté la quantité de vent nécessaire au travail du feu, on fait varier la quantité d'eau d'admission en fermant plus ou moins l'orifice des étranguillons au moyen de coins suspendus à l'extrémité d'un levier dont l'ouvrier forgeur abaisse ou relève l'autre bras, par une chaîne.

Le marteau est mis en mouvement par une roue à palette, actionnée par l'eau du bassin supérieur.

La batterie est le plus souvent montée sur deux grosses pierres en granite ; le marteau, autrefois en fer, plus tard en fonte, pèse de 600 à 650 kil.

Une enclume en fer fortement enchâssée dans un fort billot ou dans une pierre ne dépasse le sol que de quelques centimètres. Afin d'accélérer la chute de la tête du marteau, qui, pour un bon travail, devait battre de 100 à 125 coups par minute, on plaçait sous la queue du manche un *rebat* composé d'une pierre ou d'un billot armé d'une plaque de fer sur laquelle porte la queue du manche.

En outre, comme accessoires : un vieux mail servait d'enclume pour dresser les pièces forgées ; une auge remplie d'eau, pour le service du feu ; des caisses fixes en bois (*parsons*) servant à contenir chacune le charbon nécessaire à une opération ; enfin une série de tenailles, pinces, leviers et ringards, servant au travail du fer au feu et sous le marteau.

Le personnel d'une forge à la catalane se compose d'une brigade de huit ouvriers forgeurs, quatre maîtres, le foyer, le maillé, les deux escolas et quatre valets, d'un garde-forge et d'un commis.

Le *foyer* ou chef de brigade est chargé du personnel : il monte et entretient le creuset, préside au chargement du feu, dirige la trompe ; il doit, en outre, sur deux opérations, étirer le fer provenant de l'une d'elles ; il est servi par son valet.

Le *maillé* a dans ses attributions tout ce qui regarde le travail mécanique du fer ; il monte le mail et dirige la marche, il conduit le cinglage de la loupe ; il alterne avec le foyer pour l'étirage du fer.

Les deux *escolas* (1) ou fondeurs sont chargés alternativement de la conduite du feu et du vent, du traitement du minerai, de la chauffe des pièces à étirer.

Les valets du *foyer* et du *maillé*, ou *pique-mines*, aident leurs maîtres ; et ils doivent en outre concasser (piquer) sous le mail le minerai à traiter, de manière que les plus gros fragments ne dépassent pas le volume d'une noix, et en séparer par le criblage les menues parties (*greillade*).

Les valets d'*escola*, ou *miaillous*, servent leur maître surtout dans le chargement du creuset.

Le garde-forge est chargé de l'emmagasinement du minerai et du charbon.

---

(1) Ainsi nommés du mot patois *escoula* (écouler), parce que ce sont eux qui percent le chio pour l'écoulement des scories.

Le commis tient les écritures, et veille à l'approvisionnement de la forge.

La marche des opérations est la suivante :

Le *foyer* examine le creuset, la position de la tuyère, et quand il a reconnu que tout est en état, il fait opérer le chargement, charbon de bois et minerais, par les valets : il fait des lits verticaux de chacun en appuyant le tout contre les parois opposées à la tuyère, et l'espace compris entre le minerai et le foyer est rempli de charbon.

Le chargement terminé, l'*escola* donne pendant quelques minutes un bon coup de vent pour dégager et animer le feu, puis il diminue la chauffe de façon à agir lentement sur le mur de minerai et amener peu à peu l'agglutination sans provoquer de chute.

A partir de ce moment, l'*escola* et son valet s'occupent à chauffer les *massouquettes*, masses de fer à étirer, à charger convenablement le feu de charbon et de minerai. Le travail continue ainsi pendant une heure environ. L'*escola* s'occupe alors de l'état et surtout de la position dans laquelle se trouve le noyau de la loupe : car, du moment où le feu a été suffisamment chaud, il se forme un noyau de fer métallique encrassé de scories. L'habileté de l'ouvrier consiste à empêcher ce noyau de descendre trop, car il s'empâterait de scories grasses, ou de s'élever trop, parce qu'il empâterait alors la tuyère.

A un moment donné, lorsque tout va bien, et environ sept quarts d'heure après la mise en feu, il facilite la descente du *massé* en perçant au bas du *chio* avec un ringard, et donnant ainsi écoulement aux scories qui remplissent le fond du creuset.

Il chauffe alors fortement, et avance le minerai

contre le massé : c'est *donner la mine*, en terme du pays ; et cela jusqu'à la quatrième heure de marche ; alors commence l'opération de la *balejade*, qui consiste à éliminer les scories, à réunir les parties réduites en massé.

Vers la fin de l'opération, cinq heures et demie après la mise en feu, l'*escola* recherche autour du massé les parties à souder et à réduire ; il sonde la surface de la loupe avec le ringard, abat les parties trop saillantes, et cherche à lui donner une surface régulière.

Pendant la dernière heure, les pique-mines ont concassé sous le *mail* le minerai nécessaire à l'opération qui va suivre ; cette opération terminée, le valet du *maillé* a placé sur l'enclume un lit de brasque et de scorie pour recevoir le massé que l'on va sortir du feu.

Lorsque le *massé* est terminé, le valet du foyer enlève avec la pelle les charbons ardents qui le recouvrent ; puis le foyer, aidé de ce valet, soulève la loupe au moyen d'un levier. Le massé, détaché du fond et des côtés du creuset, est enlevé par tous les ouvriers armés de pals, ringards et de crochets, et dirigé près de la tête du mail. Là, à l'aide de masses, l'escola et son valet compriment les parties mal soudées à la surface, et surtout sur les bords ; puis la loupe est renversée sur la face supérieure, placée sous le mail, sur le lit de brasque et de scorie préparées à l'avance, et soumise au cinglage.

Cela fait, le maillé, l'escola sortant du feu, et leurs valets soignent le travail sous le marteau, pendant que le foyer, l'escola qui va tenir le feu et leurs valets s'occupent du creuset, et mettent en train l'opération suivante.

Le chargement d'un feu se compose généralement de 485 kil. de minerais qui rendent, terme moyen, 148 kil. de fer en barres, avec emploi de 405 kil. de charbon : soit pour 100 de fer 327 de minerai et 335 de charbon.

Les produits de ce traitement à la catalane sont :

1° Un fer dur, nerveux, légèrement aciéreux, d'un travail assez difficile à la lime et au marteau, excellent pour toutes les pièces de résistance et de frottement, et pour la cémentation.

2° Un acier naturel, dit fer fort, qui casse à blanc. Il présente une variété le fer *cédat*, qui casse à noir et à violet : elle est recherchée dans le commerce pour l'agriculture. C'est une qualité supérieure d'acier naturel, mais qui trop souvent passe au fer fort ordinaire pour que l'on en fasse un produit à part. On connaît dans le commerce une autre variété dite fer fort lié ; c'est un fer aciéreux.

Gisements occidentaux. — « Les minerais de fer, si rares dans les Pyrénées centrales, abondent aux deux extrémités de la chaine. Aucune des vallées des Basses-Pyrénées n'en est dépourvue, et chacune d'entre elles a possédé, il y a une cinquantaine d'années, son groupe d'usines métallurgiques. On en comptait huit pour la fabrication de la fonte au bois ou du fer catalan et six pour la fabrication du gros fer, dans les dernières années de la monarchie de Juillet ; ce nombre était alors en harmonie avec le mouvement factice qu'avait produit le développement projeté des chemins de fer, mais hors de toute proportion avec la consommation normale du pays ; il existait dans ces usines six petits hauts-fourneaux au bois, construits de 1825 1837. La plupart de ces forges étaient placées dans de fort mauvaises conditions, soit sous le rapport du combustible — le charbon de bois étant pour elles rare et cher, — soit au point de vue des transports, qui ne pouvaient s'effectuer qu'à dos de mulets. Aussi, lorsqu'après la révolution de 1848, la construction des chemins de fer étant soudain arrêtée, les grandes usines à la houille durent tourner leur production vers le fer marchand, la plupart des forges catalanes et des hauts-fourneaux et foyers d'affinerie éteignirent leurs feux. Le développement de la grande industrie et les traités de commerce vinrent consommer leur ruine ; les derniers foyers à la catalane s'éteignirent en 1866 dans la vallée d'Asson, et le haut-fourneau de Larrau fut mis hors feu en 1870 seuls, le foyer d'affinerie et la tréfilerie de Soeix, près d'Oloron, subsistèrent jusqu'en avril 1880, alimentés par les fontes des Landes (1). »

La mine de Baburet dans la vallée d'Asson est un amas d'hématite, mêlée de rognons carbonatés, de parties argileuses et de pyrites de cuivre, dont le rendement au foyer catalan n'était que de 25 pour cent, et le fer obtenu n'avait pas les qualités de celui de l'Ariège. Cette mine donnait de 500 à 1,300 tonnes de minerai par an et elle est loin d'être épuisée.

Les gîtes des environs de Larrau, mine d'Ahargo, donnent des oligistes silicatés bleuâtres et schisteux ne tenant guère que 25 o/o de fer. Ces dépôts sont en relation avec une immense traînée ophitique qui se prolonge sur 3

(1) Mettrier, *Congrès de Pau*, p. 329.

kilomètres de longueur d'Athérez à Saint-Jean-Pied-de-Port et qui renferme, dans les vallées situées à l'est de cette dernière ville, les gisements similaires d'Egourzé, d'Ancille et de Garo, exploités autrefois pour le fourneau de Mendive.

Les montagnes de la rive gauche de la Nive contiennent des gîtes ferrifères d'une toute autre nature et qui pourront être exploités de nouveau quelque jour. La vaste concession de Baïgorry (116 kilomètres 2) contient de nombreux filons de fer, au milieu de ces minerais de cuivre. L'un d'eux, celui d'Ustelléguy, a été exploité méthodiquement de 1825 à 1848, et l'on peut encore pénétrer dans les travaux et constater que le banc ferrifère de bonne sidérose mesure de 3 à 12 mètres d'épaisseur. « Sur le versant nord, cette couche est jalonnée par de très anciennes tranchées, creusées à l'époque des forges à bras, et l'hématite manganésée se montre seule, ce qui explique pourquoi, dans les siècles passés, on s'était attaqué de préférence à ce versant. Les affleurements se suivent sur près de 4 kilomètres de long, et l'on peut estimer à 5,420,000 tonnes de sidérose à 40 o|o. Si le filon voisin de Saint-Martin se prolonge jusqu'à sa rencontre, on aura là une nouvelle réserve probable de 850,000 tonnes.

La mise en exploitation de ces filons est des plus faciles, au moyen d'attaques à flanc de coteau ; le minerai grillé tenant 55 o|o de fer et quelques unités de manganèse et de silice sera éminemment propre à la fabrication des fontes Bessemer : aussi n'y a-t-il nul doute que cette exploitation soit entreprise sur une vaste échelle, après l'achèvement du chemin de fer de Bayonne à Ossés et Baïgorry. (Mettrier.)

Nous citerons enfin la concession d'Ainhoa, sur la Nivelle. Lorsqu'on explora, de 1840 à 1850, le filon appelé
Perlamborda, au moyen de deux galeries d'allongement
distancées de 50 m. en verticale, on reconnut qu'il avait
été exploité autrefois sur toute cette hauteur, et qu'il était
remblayé au moyen de quartiers de fer spathique dont
on peut faire couler très rapidement 1200 m. 3 dans la
galerie inférieure. On attribua ce fait soit à ce que les
anciens ignoraient la nature du carbonate blond, soit
plutôt à ce qu'ils exploitaient un minerai de cuivre
dont on n'a pas rencontré de gisement notable, mais dont
on trouva les traces fréquentes dans le fer spathique.
(Mettrier.)

Les environs de la Rhune contiennent aussi quelques
gisements de fer : oligiste de Saint-Ignace exploité autrefois, et plus loin un gisement similaire de Biskar-
Tsout, insuffisamment exploité, pourrait donner des résultats sérieux.

Plomb et zinc argentifères. — Le plomb à l'état de
sulfure (galène) se rencontre assez fréquemment dans les
Pyrénées ; mais la plupart des gîtes connus sont insignifiants, et ont été abandonnés après quelques essais d'exploitation ; et quelques-unes de ces recherches remonteraient même à l'époque romaine.

De nombreux filons de galène ont été signalés tout le
long de la chaîne :

Montagnes de Carença, San Colgat et Pedreforte (vallée de Carol), dans les Pyrénées-Orientales.

Maisons, Dargan, Lanet, Padairac, Padern, Montgaillard, dans les Corbières du département de l'Aude.

Cadarcet, Pouech, Seix, Saint-Lary, Sentein, dans l'Ariège, celles-ci exploitées avec succès. La mine de Bentaillon, près de Sentein, donnent des galènes argentifères très riches et du plomb carbonaté dont l'extraction et le traitement sont des plus faciles : 50 pour o[o de plomb. Malgré leur altitude considérable (1895^m), ces mines sont exploitées régulièrement ; les minerais, descendus au moyen d'un chemin de fer aérien au bocard d'Eylie, subissent là un premier traitement et sont expédiés aux fonderies de Marseille.

Montagnes de Saint-Béat et de Luchon, dans la Haute-Garonne : exploitation en pleine activité dans la vallée d'Aran à Liat

' Haute vallée d'Ossau, dans les Basses-Pyrénées, où existent les trois concessions d'Arre, d'Anglas et de Bartèque.

La plus ancienne est celle d'Arre, dans la vallée de Sousséou, qui comprend six filons, dont trois méritent une sérieuse attention. Le filon Saint-Pierre, à l'altitude de 2,300, contient, dans une gangue de pyrrothine, de l'argent natif et de l'arsénio-antimoniure de nickel, minéral rare et très argentifère (11 kil. par tonne de plomb d'œuvre) ; le filon de Saint-Sauveur composé de blende.

Les travaux d'Arre ont été délaissés pour ceux d'Anglas, situés à 2,100 dans la haute vallée du Valentin ; ceux-ci ont donné, de 1886 à 1891, 4,600 tonnes de blende à 51 o[o de zinc. Cette blende est d'une pureté remarquable et le zinc qu'on en retire ne contient pas plus de 0,25 o[o d'impuretés.

Le filon de Bartèque, près de Laruns, est au contraire trop pauvre pour être exploité avec avantage.

Manganèse. — Les minerais de manganèse ont aujourd'hui une importance considérable pour la fabrication de l'acier ; aussi les gisements de ce métal sont-ils activement recherchés.

Nous avons vu que les mines de fer du Canigou et de l'Ariège devaient leurs qualités à la présence du manganèse ; mais celui-ci se trouve seul dans plusieurs mines aujourd'hui exploitées.

Tous ces gisements se trouvent dans les couches dévoniennes et en relations directes avec les calcaires amygdaliens de cette formation ; c'est à lui que doivent être attribuées les couleurs vives qui caractérisent ces calcaires et en font des marbres recherchés.

Dans l'Ariège nous citerons les mines de Montels.

« Les manganèses sont assez abondants dans la vallée d'Aure et dans celle de Louron (Hautes-Pyrénées), d'où ils semblent passer dans la Haute-Garonne. Le manganèse se présente en effet avec une certaine richesse dans la commune de Portet de Larboust, près et au nord du Port de Peyresourde par lequel la vallée de Larboust communique avec celle de Louron. Cette mine consiste en deux filons de quartz distants l'un de l'autre d'une dizaine de mètres au plus. Le minerai, rarement pur, est un peroxyde ordinairement disséminé dans le quartz cloisonné ou adhérent à la roche (1). »

Un gisement a été exploré dans le val de Pombie, sur les flancs est du Pic du Midi d'Ossau : il se compose de pyrrolusite de qualité ordinaire et d'hématite brune très manganésée.

(1) Leymerie, *op. cit.*, p. 670.

Cuivre. — Les minerais de cuivre se rencontrent tout le long de la chaîne des Pyrénées ; mais seuls, les filons des Basses-Pyrénées ont donné lieu à une exploitation suivie.

Dans les Pyrénées-Orientales, à Sorède, au pied des Albères, existerait du cuivre natif dans un banc de gravier, d'après Carrère.

Dans les Basses-Pyrénées, les mines de Banca, au sud de Baïgorry, furent, au siècle dernier, les plus constamment actives des Pyrénées ; elles avaient déjà été exploitées à l'époque romaine et lors de la Renaissance : Dietrich (1783) nous en a laissé une description et un plan fort exacts. Le champ de fracture, d'une superficie de 45 hectares environ, est compris dans des schistes quartzeux siluriens. Il contient une vingtaine de filons.

Le filon principal se développe sur plus de 600 m. ; son remplissage consiste principalement en pyrite cuivreuse à 5 o/o de cuivre sans argent ; en quelques points il donne du cuivre gris à 8 o/o de cuivre et 200 g. d'argent à la tonne de minerai.

Filons des Trois-Rois, irrégulièrement minéralisés. Les travaux anciens ont été très développés en ce point et y ont été jusqu'à 160 m. de profondeur ; on assure qu'à cette profondeur ils mesuraient encore plus de 2 pieds d'épaisseur.

Les régions voisines des croisements de ces filons paraissent enfermer des colonnes enrichies, qui, suivant toute vraisemblance, ne sont pas épuisées. » (Mettrier.)

L'on exploite encore, dans les Pyrénées, des filons de *barytine* à Castelnau-Durban (Ariège), la *fluorine* à

Luchon et Gabas, Basses-Pyrénées, le *talc*, dans les Pyrénées-Orientales et dans l'Ariège.

Le gypse en maints endroits, et notamment à Tarascon (Ariège), donne lieu à des exploitations importantes, et les plâtres de Tarascon luttent avantageusement avec les plâtres de Paris.

MARBRES.

Les marbres des Pyrénées ont été connus dès l'antiquité, et les Romains transportèrent maintes fois dans leur capitale nos marbres gaulois. Leur variété et leur beauté les font classer encore de nos jours à côté de ceux d'Italie. Le seul défaut que l'on puisse leur reprocher est la petite dimension des masses homogènes et la difficulté d'accès des carrières. Mais tous les jours des voies nouvelles rendent exploitables des gisements importants, et, sans nul doute, les marbres des Pyrénées donneront de plus en plus de riches matériaux à l'industrie.

Enumérer toutes les carrières aujourd'hui reconnues nous entraînerait trop loin, et nous nous contenterons de signaler les plus importantes, nous aidant en cela d'un travail très complet de M. Frossard (1).

I. — MARBRES STATUAIRES. — A. *Marbres analogues au Paros.* — *Saint-Béat* (Haute-Garonne), carrières du Cap d'Arrié, du Cap de Mount. De qualité fort égale, excellent pour la statuaire et pour les grands travaux. Carrières en pleine exploitation.

(1) Ch.-L. Frossard, *Les marbres des Pyrénées, étude et classement.* Paris, Grassart, 1884.

Fig. 49. — Carrière de Saint-Béat.   Dessin de M. de Calmels.

« Les Romains paraissent avoir été les premiers à extraire ce beau marbre, dont ils prisaient la valeur. Ils l'ont fait connaître aux anciens habitants du pays. Ceux-ci l'ont employé en ex-voto innombrables, dédiés à leurs divinités locales (Leheven, Gar, Lixon, Abelion, etc.). En maint endroit, des stèles votives, surtout à l'entrée de la vallée de la Garonne, de la Pique, de la Neste d'Aure et de l'Adour ; ailleurs, des statues et des bas-reliefs comme à Martres, à Nérac et à Poitiers, témoignent de l'emploi varié et de l'exportation étendue du blanc de Saint-Béat.

Au moyen âge, on s'est servi de Saint-Béat pour décorer Saint-Sernin et Saint-Etienne de Toulouse ; Saint-Bertrand de Comminges ; Saint-Just de Valcabrère ; l'Escaladieu, etc.

A la Renaissance, François Iᵉʳ l'a employé pour orner Rambouillet, et Henri II pour le château de Saint-Germain-en-Laye. En 1666, le roi acheta des colonnes de ce marbre à 15 livres le pied cube.

De nos jours, le blanc de Saint-Béat a été utilisé par David, Pradier, Carpeaux, Etex, Carrier Belleuse, Chapu, etc.

Non seulement il a de remarquables qualités pour figurer la chair à l'égal du Paros antique, mais, tandis que le Carrare coûte de 1,500 à 2,000 fr. le mètre cube, celui-ci revient à 850 fr. pour les blocs choisis, destinés aux statues (1). »

A côté du statuaire de Saint-Béat nous citerons les qualités semblables d'Arguenos (Haute-Garonne), de Sost

(1) Frossard, *loc. cit.*, p. 15.

(Hautes-Pyrénées), de Gavarnie, de Louhoussoa (Basses-Pyrénées).

B. — *Marbres statuaires analogues au Carrare.* Les carrières d'Ilhet, de Louvie et de Gère ne sont pas exploitées actuellement, leur accès est peu facile et les blocs inégaux de qualité et restreints dans leurs dimensions.

C. — *Marbres analogues au pentélique,* à Gerde et à Gabas ; exploités surtout pour la construction.

D'autres carrières de marbre blanc statuaire ont été signalées à Camurac, Mascarol, Arles, Saint-Girons, Bayonne, etc.

II. — Marbres statuaires colorés. — Gris de Saint-Béat. — Bleu fleuri de Louvie. — Bleu fleuri de Gère. — Gris tendre de Louvie. Ce dernier donne des blocs de grandes dimensions.

III. — Marbres compacts. — Grand antique d'Aubert (Ariège). « Grain ferme, noir veiné de blanc, en grand dessin, aspect de brèche. Marbre d'un style admirable, employé par les anciens ; on le contemple à Rome et à Venise (portail de Saint-Marc) ; il a été repris par les artistes de la Renaissance (Louvre) et par les modernes (dôme des Invalides). Un beau bloc a servi de lit funéraire à la statue du prince Albert, couché au milieu de la chapelle funéraire de Windsor, chef-d'œuvre de Triqueti (1). »

Noir de Cier-de-Rivière (Haute-Garonne), Héchettes

(1) Frossard, *op. cit.*, p. 20.

(Haute-Garonne). « Grain ferme, matière homogène, noir et blanc d'un dessin petit et serré. Ce bon marbre prend bien le poli et donne de beaux soubassements. Il a servi pour l'appartement des bains du palais de Versailles, pour la Madeleine à Paris, et pour San-Andrea della Valle à Rome.

« Carrière exploitée du temps de Louis XIV et reprise de nos jours (1). »

Lomné (Hautes-Pyrénées). Petit antique d'Anglade près de Lourdes. — Aspin. — Turquin d'Ossen, environs de Lourdes. — Noir de Gabas (Hautes-Pyrénées). — Zeste (Basses-Pyrénées). — Sainte-Anne granité d'Arudy (Basses-Pyrénées). — Sainte-Anne grand dessin d'Arudy. — Sainte-Anne rubané. — Panaché d'Arudy. — Solitaire d'Arudy, etc.

IV. — Marbres brèches simples. — Brèche noire d'Aula (Hautes-Pyrénées). — Brèche du Bédat (Hautes-Pyrénées). — Brèche d'Asté (Hautes-Pyrénées). — Médoux-Gramont (Hautes-Pyrénées). — Brèche dorée d'Agos (Hautes-Pyrénées).

V. — Marbres brèches composées. — Brèche de Sauveterre (Haute-Garonne). — Jane-de-Lez (Haute-Garonne). — De Rie (Haute-Garonne).

De Penne Saint-Martin à Saint-Béat. — (Fig. 49).

« M. Edm. Barry, le savant antiquaire toulousain, nous a fait connaître à Saint-Béat cette carrière.

« On a calculé que les *marmorarii* gallo-romains auraient extrait de cette grande carrière près de 6,000 mètres cubes de marbre, dont les blocs ne doivent pas avoir

(1) Frossard, *op. cit.*

beaucoup perdu, grâce à la régularité de l'exploitation.
La tranchée a 40 mètres de hauteur maximum, sur
20 mètres de profondeur, inégale il est vrai, et 12 mètres
de largeur. Elle ressemble exactement à une tour carrée,
dont un des murs latéraux serait écroulé, et laisserait voir
les parois dénudées de l'intérieur que l'œil mesure avec
étonnement (1). »

Non loin de ces carrières de Saint-Béat, au village de
Marignac, l'on a trouvé un autel votif, qui a trait à ces
exploitations ; il figure aujourd'hui au musée de Toulouse. Il porte sur une de ses faces l'inscription suivante :

*Silvano deo et montibus nimidis Quintus Julius Juliat
nus et Publicius Crescentinus, qui primi hinc columnas
vicenarias cœlaverunt et exportaverunt, votum solverun-
libenter merito.*

« Nous n'avons à examiner cette inscription qu'au
point de vue du marbre. Elle constate que deux entre-
preneurs, *Quintus Julius Julianus* et *Publicius Crescentinus*, ont taillé et expédié des colonnes monolithes de 20
pieds, qu'ils avaient extraites des carrières voisines de
Marignac, lieu d'où l'autel inscrit a été exhumé. C'est
un précieux témoignage de l'antique exploitation des
marbres pyrénéens. » (Frossard.)

— Brèche de Barbazou (H.-Gar.) — Brèche de Trou-
bat (H.-Pyr.) — Bramenaque jaune d'Anla — de Bize —
d'Etourneau — de la Gailleste — de Salut — noir de
Baudéan — jaune de Baudéan — universelle de Médoux
— fleurie d'Agos — jaune d'Agos — toutes du département des Hautes-Pyrénées.

(1) Frossard, *op. cit.*

Marbres poudingue. — Poudingue de Tournay (H^tes.-Pyr.). « Ce poudingue tertiaire en petits cailloux, avec ciment jaunâtre, est agréable, mais peu recherché ; nous ne le citons que pour mémoire. Des recherches le long de la chaîne pyrénéenne pourraient faire connaître de meilleurs gisements. »

Marbres amygdalins. — Griotte de Caune (Aude) — de Prades (Pyr.-Or.) — de Cierp (H^te-Gar.) — de Jurviell (H^te-Gar.) — de Sost (H^tes-Pyr.) — de Grézian (H^tes-Pyr.) — Campan rouge. « Amandes brun rouge avec un œil violet, ciment brun rouge passant au vert, coupé de veines blanches ».

Les couches sont puissantes ; les blocs qu'on en extrait couramment ont de 7 à 8 mètres d'épaisseur, et leur longueur est à volonté.

La grande carrière de l'Espialet a été exploitée du temps de Louis XIV. On en a extrait des colonnes pour le palais de Versailles. Une d'elles est restée sur le chantier.

Elle a fourni, il y a peu d'années, d'admirables colonnes au nouvel Opéra.

Marbres coquilliers. — Gris de Bize — Lumachelle de Lourdes — Marbre à polypiers d'Izeste, etc., etc.

Marbres variés. — Rosé vif de Caune (Aude) — Rosé vif de Castelnau-Durban (Ariège) — Nankin de Mancioux (Haute-Garonne) — Acajou de Cierp (Haute-Garonne) — Rosé de Sost (Hautes-Pyrénées) — Bize Africain. « Aspect bréchiforme avec parties fondues au bord ; les veines presque noires, les morceaux empâtés ont des parties vertes, d'autres rouges ; quelques fossiles, encrines et pointes d'oursins crétacés.

Fig. 50. — Sarrancolin.

« Très beau marbre qui rappelle l'Africain du théâtre antique d'Arles. »

Sarrancolin (*H^{tes}-Pyr.*), fig. 50. — « En partie homo-gène, partie granitée ou brocatelle et partie bréchiforme, présentant des tons ravissants. La masse est jaune rosé avec des nuages verdâtres, sur lesquels se détachent des tons violets clairs ; les parties brocatelles sont violacées et les parties bréchiformes plombées de rouge de sang, de pourpre, de brun, de jaune verdâtre ou bleuté, rappelant par places l'agate et l'onyx.

« Ce marbre, admirable d'aspect, a été d'abord exploité par le duc d'Antin, intendant général des bâtiments du roi et fils de la Montespan ; il a servi à la décoration des châteaux de Versailles et de Trianon.

« En 1666, le roi acheta des colonnes en Sarrancolin au prix de 1. 6. s. 2. d. 5 le pied cube.

« De nos jours, on en a tiré des piédestaux pour le musée du Louvre, 30 colonnes pour l'Opéra ; on l'a employé à la décoration des magasins du Louvre et de nombreux hôtels princiers. »

Vert de Guchan — Vieille vert de Louron — Vieille brun — Vieille violet et Mazagran de Campan — Amaranthe de Lesponne — Saint-Florent de Lourdes.

MINERAIS DES PYRÉNÉES.

Nous ne pouvons mieux faire que de donner le résumé d'un travail de M. le professeur Lacroix sur les minéraux des Pyrénées, en tenant compte des légères corrections de localité que M. Frossard, président honoraire de la Société Ramond, a apportées au livre remarquable de M. Lacroix : *La Minéralogie de la France.*

Staurotide. — Basses-Pyrénées, dans le Labourd à

Itsatsou. — Hautes-Pyrénées, vallée de Lesponne, Riou-majou (val. d'Aure), Genost, val du Louron. — Haute-Garonne, lac d'Oo, Montauban, chemin du portillon de Burbe, massif de Superbagnères, rue d'Enfer du Lys, cirque de la Glère, pic Sacroux, Couradille. — Ariège, Ax et Savignac.

Calamine. — Basses-Pyrénées, mines d'Anglas et d'Ar. — Hautes-Pyrénées, Pierrefite, Bourg-Bigorre. — Haute-Garonne, Moustajon. — Ariège, Laquorre et Argentières, au-dessus d'Aulus, Sentein.

Andalousite. — Dans les pegmatites et filons de quartz. Hautes-Pyrénées, val de Lesponne, val. du Louron. — Haute-Garonne, Coume de Nère (val. du Lys), Crabioules, Clarabide, cascade d'Enfer, Lez près Saint-Béat. — Ariège, Caplong, Ganac, Pic Saint-Barthélemy, col d'Aigotorto, de Savignac à Ascou, haute vallée de Sem. — Pyrénées-Orientales, environs de Prades, Vinça — dans le gneiss. — Hautes-Pyrénées, pic du Midi, col d'Oncet, val de Lesponne. — Haute-Garonne, Montauban, lac Seculejo, etc. — Ariège, Ganac, Pic de la Lauzette, Montfourcat, Savignac, Ax, Ascou, col du Pas de la Pourtadelle, Pic des Trois-Seigneurs, etc. — dans les schistes paléozoïques (schistes maclifères). — Hautes-Pyrénées, val d'Azun, Troumouse, Port de la Pez, Couplan, Pic d'Arbizon, Pic du Midi, Montaigu, Pragnères, chalet Saint-Nérée. — Haute-Garonne, Mail de Soulan, Esquierry, Campsaure, Ports de la Glère et de Vénasque, val d'Aran, L'Esponne et l'hospice de Luchon. — Ariège, Sentien, fond de la vallée d'Aulus. — Pyrénées-Orientales.

Sillimanite. — Basses-Pyrénées, Cambo. — Hautes-Pyrénées, Lesponne, Chalet Saint-Nérée. — Ariège, Castillon, Sentenac, col de la Quorre, val de Bethmale, Pics de Fontanette et Saint-Barthélemy.

Tourmaline. — Dans les granulites, pegmatites et roches modifiées par elles. — Basses-Pyrénées, Cambo, Louhoussoa, Itsatsou. — Hautes-Pyrénées, Pic du Midi, col d'Oncet, Chiroulet, Barèges, Péguère, Héas, Ordizan, Loucrup. — Haute-Garonne, Pont de Chaum, Superbagnères, val de Burbe, Cierp, Sost, Saint-Béat, Pic Quairat, Coume de Labesque, Ceilh de la Baque, Gorge de Barans, Bosost, Labourdette, versant sud de la Maladetta (Espagne), etc. — Ariège, Soueix, Seignaux, Montoulieu, Arignac, au-dessus de Ganac, Caplong, Etang d'Arbu, Vicdessos, étang de Lherz, col de Girabal, ravin de Trimounts. Mercus, route d'Arnave à Cazenave, col de Cadènes, Pic du Han, etc. — Pyrénées-Orientales, Pic des Sept-Hommes (Canigou). — Aude, Saint-Ferréol, Bessède. — Dans le calcaire et le gypse sédimentaires. — Basses-Pyrénées, Sainte-Colomme. — Haute-Garonne, Saint-Béat. — Ariège, Arnave.

Humite et clinohumite. — Ariège, Arignac, Mercus.

Zoïsite. — Hautes-Pyrénées, val de Lesponne. — Ariège, Pontaut d'Aleu (route de Saint-Girons à Massat).

Epidote. — Dans les schistes cristallins et les roches éruptives acides. — Basses-Pyrénées, Cambo. — Hautes-Pyrénées, lac d'Illéou (Cauterets), Péguères, Piquette deras Lids, Pic d'Espade, Campana, Chiroulet (Lesponne), Saligos, Pouzac. — Haute-Garonne, Lac glacé d'Oo, Bordes, Bonac, Orle, Port-Vieux, Pont de Mousquères. — Ariège, Arnave, Arignac, Cabre, Quérigut, Port de Paillières, Mont Ginevra. — Dans les roches éruptives non quartzifères (ophites). — Landes, Sainte-Marie (Port de Lanne), Saint-Pandelon, Sainte-Marie de Gosse. — Basses-Pyrénées, Mont Baygoura. — Hautes-Pyrénées, Gerde, Pouzac, le Courret (Lesponne), Porte d'Enfer, Trébons, Lourdes, etc. — Haute-Garonne, col de Menté (Saint-Béat). — Ariège, Lacourt, Vernaux, Vèbre, Lordat, etc. — Produit de contact des roches éruptives. — Hautes-Pyrénées, Arbizon. — Haute-Garonne, Bordes, Senet (Aragon).

Idocrase. — Dans les calcaires modifiés par le granite. — Basses-Pyrénées, Anglas et Ar. — Hautes-Pyrénées, Péguères, Bassia, Arbizon, Montfaucon. — Espagne, Pic de la Habana (Boups), Senet, Fourcanade. — Ariège, lac de Bethmale, mine d'Argentières, port de Saleix, Quérigut. — Pyrénées-Orientales, forge de Puyvalador, pic de Madrès, — dans les filons ou amandes de quartz de pegmatites et dans les calcaires modifiés par la granulite. — Hautes-Pyrénées, Liécou (Lac Bleu), lac d'Oncet, Som de Pène-Blanque. — Haute-Garonne, Port-Vieux, Mail-Plané (Luchon). — Ariège, Ax, route de Prades, Couloubret (Ax), Ascou.

Péridot. — Lherzolite. — Hautes-Pyrénées, Médoux. — Haute-Garonne, Moncaup, Arguenos. — Ariège, Etang de Lherz jusqu'à Suc, Vicdessos et Sem, de Bestiac et Caussou, vers Prades. — Péridotite à hornblende. — Ariège, Saint-Barthélemy, haute vallée de l'Oriège

(mont Bédeilla), Ax. — Gabbros et diabases. — **Ariège,**
Mont Bédeilla. — Météorites. — Basses-Pyrénées, **Beuste,**
Sanguis. — Haute-Garonne, Montréjeau. — Cipolins du
granit. — Ariège, Arignac, Mercus.

. *Grossulaire.* — Dans les calcaires modifiés par le gra-
nite. — A) Pyrénéite. — Hautes-Pyrénées, Piquette deras
Lids (Barèges), Escoubous, Pic d'Espade, Arbizon,
Pic du Midi, Péguère, Adervielle, lac de Bordères. —
B) Type Péguère. — Basses-Pyrénées, Anglas et Ar. —
Hautes-Pyrénées, Péguère, Piquette deras Lids, Mont
Caubère, Campana, Pic d'Espada, Cirque d'Arec (Arbi-
zon), val de Louron. — Haute-Garonne, Port d'Oo, Ceilh
de la Baque. — Espagne, Mont de Sahun, Fourcanade
(Aragon), Senet (Catalogne). — Ariège, lac de Bethmale,
Argentières, Port de Saleix, Quérigut, Roc de l'Encle-
dous, Pic de Ginevra, Roc de Bragues, etc. — Pyrénées-
Orientales, Port de Puyvalador, Pic de Madrès, Py.

Dans les granulites et roches granulitisées. — Hautes-
Pyrénées, Pic du Midi, Pène Blanque, lac Bleu. —
Haute-Garonne, Port-Vieux, Beauregard et Bosquet des
Bains (Luchon). — Ariège, Ax, Ascou, Mont Bédeilla,
haute vallée de l'Oriège au ruisseau qui descend de
Baxouillade.

Dans la syénite néphélinique. — Hautes-Pyrénées,
Sablière de Pouzac.

Ouwarowite — Pyrénées espagnoles, montagne
d'Eristé.

Mélanite. — Hautes-Pyrénées, Pouzac, etc. — Ariège,
Arnave. — Pyrénées-Orientales, Costabenne.

Pyrope. — Haute-Garonne, Moncaup, Arguénos. — Ariège, Prades, Lherz.

Almandin. — Basses-Pyrénées, Cambo, entre Hilette et Mendionne, Ursoviamendia, mont Baygoura. — Hautes-Pyrénées, lac Bleu, Chiroulet, Sencours, Gèdres, Boucharo, petit pic Pétard, lac de Caillaouas. — Haute-Garonne, val de Burbe, Clarabide, Crabioules, val du Lys, pont de Mousquères, Castel-Viel, Superbagnères, port d'Oo. — Ariège, col de la Quorre, Ax, Montoulieu, Arignac, Saint-Barthélemy, col d'Aigotorto, Pic du Han, Calchax, Saint-Conac, etc. — Pyrénées-Orientales, Coladroy, Ille-sur-Tet, pic de Costa-Bona, la Preste, Coume del Cabail Mort (Saint-Martin du Canigou).

Chrysocole. — Pyrénées-Orientales. — Canaveilles.

Prehnite. — Dans les granites granulités ou roches modifiées par les matières éruptives. — Basses-Pyrénées, col de Sesque (Eaux-Chaudes) — Hautes-Pyrénées, Piquette deras Lids (Koupholite), lac Bleu, val de Rioumaou (Saint-Sauveur), Péguère, Lesponne, Sarrouyès (Louron). — Dans les roches basiques. — Landes, Mouras (Narosse). — Basses-Pyrénées, Arudy, Casten-Erreca, Bourdalet de Loubie, entre Bruges et Ossau. — Hautes-Pyrénées, Gerde. — Ariège, Montagne de Bompas, Chapelle Saint-Paul.

Axinite. — Dans les schistes cristallins, les roches sédimentaires modifiées par le granite et la granulite, et dans le granite lui-même. — Hautes-Pyrénées, Piquette deras Lids, Caubère, Campana, Espade, pic d'Ayré, toute la

lisière nord du massif granulitique de Néouvielle, Tourmalet, Sencours, Bizourtère, Liécou du lac Bleu, Pey-
relade, cirque d'Arec (Arbizon), haute vallée de la Nère.
— Haute-Garonne, Mail de Soulan, Beauregard (errati-
que). — Ariège, Contreforts du Pic de Gabanatous, sur
le ruisseau de Saleix.

Dans les roches basiques, Hautes-Pyrénées, Trébons.

Friedélite. — Hautes-Pyrénées, Adervielle (vallée de
Louron), Vielle-Aure (Vallée d'Aure).

III. — EAUX MINÉRALES.

Les eaux minérales abondent dans les Pyrénées, et près
de 600 sources ont été reconnues : aussi n'est-il pas étonnant que cette chaîne de montagnes soit regardée comme
la région du globe la plus riche sous ce rapport.

L'on peut diviser les eaux minérales des Pyrénées en

Eaux sulfurées.
Eaux salines,
Eaux ferrugineuses,

et elles se répartissent ainsi :

	Exploitées	Non exploitées
Eaux sulfurées sodiques.	221	89
— calciques.	9	5
Chlorurées sodiques et magnésiques.	2	7
Chlorosulfatées, sulfatées calciques.	87	48
Ferrugineuses carbonatées, sulfatées et crénatées.	44	29
Bicarbonatées sodiques ferrugineuses.	4	9
	367	187
	554	

Cette énumération remonte à 1860. Aujourd'hui, le chiffre total est plus élevé.

Nous emprunterons au docteur Garrigou, le savant professeur d'hydrologie de la Faculté de médecine de Toulouse, la plupart des renseignements que nous donnerons sur les eaux minérales des Pyrénées (1).

I. — Eaux sulfurées. — C'est le groupe le plus riche des Pyrénées, et c'est lui qui comprend les sources les plus célèbres. Les eaux sulfurées qui s'y rattachent sont des eaux à monosulfure de sodium, des eaux à sulfhydrate de sulfure, des eaux à acide sulfhydrique, enfin des eaux sulfureuses dégénérées.

a. — *Eaux monosulfurées.* — Le type de ces eaux est constitué par les eaux de Barèges, dont la conservation, même à l'air, est telle qu'on peut les utiliser, presque sans altération du principe sulfuré, dans des piscines successives.

A ce groupe se rattachent les eaux d'Amélie-les-Bains, de la Preste, des Escaldas, de Saint Thomas, de Thuez, de Canaveilles, du Vernet, de Moligt (Pyrénées-Orientales) ; celles d'Escouloubre dans l'Aude, de Carcanières, de Mérens, etc., dans l'Ariège ; celles de Cauterets, d'Argelès-Gazost, de Labassère, de la Garet, de Saint-Sauveur, etc., dans les Hautes-Pyrénées : celles des Eaux-Chaudes dans les Basses-Pyrénées, celles de Tercis dans les Landes, etc.

b. — *Eaux sulfhydratées.* — Luchon fournit le type

(1) Garrigou, *Stations therm. des Pyrénées*, in *Revue des Pyrénées*, 1892, t. IV, p. 413 et suiv.

de ces eaux. Ses sources paraissent être les seules eaux sulfurées chaudes d'Europe qui émettent la moitié de leur principe sulfuré sous forme d'acide sulfhydrique, celui-ci étant uni au monosulfure alcalin pour former un sulfhydrate de sulfure.

A côté des eaux de Luchon nous pouvons ranger les eaux d'Ax (Ariège); celles de Cadéac (Hautes-Pyrénées); celles de Saint-Boës (Basses-Pyrénées), qui sont en outre chargées de goudron ; celles de Gamarde (Landes), celles des Eaux-Bonnes, qui peuvent servir au même objet.

c. — *Eaux sulfhydriques.* — Ces eaux sont très rares dans la chaine pyrénéenne : Cambo (Basses-Pyrénées), Salies-du-Salat (Haute-Garonne), Tournac (Ariège).

d. — *Eaux sulfurées dégénérées.* — Les eaux sulfurées dégénérées jouent un rôle fort important, car au lieu d'avoir des propriétés excitantes, elles sont au contraire sédatives.

La transformation du principe sulfuré provient de l'altération du sulfhydrate de sulfure au contact de l'air. Il se forme des produits oxydés du soufre, du premier et du deuxième degré, qui transforment l'eau sulfurée, au point de vue chimique, en les changeant en eau hyposulfitée et sulfitée. C'est alors que d'excitantes elles deviennent sédatives et souvent antigoutteuses, surtout lorsqu'elles contiennent en abondance des silicates alcalins.

C'est dans les eaux sulfurées dégénérées qu'il faut aussi ranger les eaux blanchissantes, dont le rôle sédatif est parfaitement déterminé.

Le phénomène du blanchiment se produit surtout avec

les eaux sulfhydratées et fortement silicatées, qui contiennent de l'acide sulfhydrique en abondance. Sous l'influence soit de la silice en excès, soit de l'acide carbonique de l'air, le sulfhydrate est décomposé, et il se dégage de l'acide sulfhydrique qui, à son tour, en présence de l'oxygène de l'air en quantité suffisante, mais limitée, est transformé en eau et en soufre pulvérulent. Si le monosulfure resté dans l'eau est assez abondant, il dissout le soufre et le transforme en polysulfite, qui donne à l'eau une couleur verte. Si le monosulfure n'est pas assez abondant pour dissoudre tout le soufre précipité, celui-ci reste à l'état pulvérulent et communique à l'eau une couleur soit bleue, soit blanche, suivant sa moindre ou plus grande abondance.

A Ax, la source bleue ; à Luchon, les sources qui blanchissent, ainsi que la source de Ravi, toutes sulfurées dégénérées, permettent de traiter avec avantage, par la boisson, certains cas de rhumatisme goutteux, qu'on exaspérerait avec les eaux sulfurées ordinaires.

Presque toutes les sources monosulfurées naissent dans le granite ou dans les terrains anciens ; ces eaux sont presque toutes chaudes. Les sources froides ne sont que des dérivées des sources chaudes, et doivent leur basse température à leur éloignement du canal principal d'amenée du sein de la terre.

Les sources sulfhydriquées naissent toutes dans les terrains secondaires ; elles sont froides, et leur principe sulfuré primitif est le sulfure de calcium. Mais, comme ce sel ne peut exister à l'état soluble que sous la forme de sulfhydrate de calcium, il s'ensuit que le monosulfure primitif est décomposé par l'eau. Il se forme constamment du sulfhydrate qui perd spontanément son acide sulfhydrique ; c'est pour cette raison que les eaux sulfurées calciques ont une odeur d'œufs couvés, plus forte encore que celle des eaux sulfurées. Tandis que le brome domine parmi les sources sulfurées froides et chaudes, il en est cependant quelques-unes qui sont assez riches en iode : telles sont les eaux de Gazost, surtout la source de Nabias. Les Eaux-Bonnes (source vieille) paraissent néanmoins tenir la tête pour la quantité d'iode. Cette source constitue aujourd'hui l'eau la plus riche en métaux, parmi les eaux sulfurées des Pyrénées.

Nous allons passer en revue les principales stations sulfureuses des Pyrénées, empruntant toujours au docteur Garrigou la plus grande partie de nos documents.

Saint-Boës (Basses-Pyrénées). — « Saint-Boës n'est pas un hameau, encore moins une station balnéaire fréquentée ; c'est une simple source minérale située entre Salies et Orthez, près de la petite gare de Baigts (1). »

Cette eau est unique dans son genre ; c'est la moins altérable des eaux sulfurées celle qui supporte le mieux le transport. Elle contient des matières goudronneuses qui sont utilisées à la fabrication de pilules.

Cambo (Basses-Pyrénées). — Station à 20 kilomètres de Bayonne, dans la délicieuse vallée de la Nive ; établissement fort bien installé.

Eaux-Chaudes (Basses-Pyrénées). — Les Eaux-Chaudes

---

(1) Lejard. — *Association Franç.*, *Notice sur les Basses-Pyrénées*, session de Pau 1892.

FIG. 51. — Les Eaux-Bonnes.

Dessin de M. de Calmels.

sont composées d'un hameau de 106 habitants à l'extrémité méridionale de la vallée d'Ossau et dans une gorge sauvage et très étroite, à 680 m. d'altitude, ouverte du nord au sud, et protégée à l'est et à l'ouest par les pics du Ger et du Midi. Les montagnes sont couvertes de hêtres, de sapins. et hérissées de rochers de granite et de marbre ; c'est un paysage sévère et triste.

L'établissement est habilement creusé dans un rocher et bien abrité en apparence (1). »

Les Eaux-Chaudes sont surtout utilisées, et avec succès, dans les maladies de femmes.

Eaux-Bonnes (Basses-Pyrénées) (fig. 51). — La réputation des Eaux-Bonnes est fort ancienne ; elles étaient connues tout d'abord sous le nom d'*eaux d'arquebusades* et étaient regardées comme jouissant d'une efficacité merveilleuse dans le traitement des blessures ; aujourd'hui, elles sont surtout employées dans les maladies de poitrine, mais elles doivent être administrées avec une prudence extrême.

D'après le docteur Garrigou, la source vieille des Eaux-Bonnes est une des plus riches des Pyrénées comme eau métallifère.

Cauterets (Hautes-Pyrénées). — Les eaux thermales de Cauterets jouissent depuis longtemps d'une réputation considérable et bien méritée. On trouve dans cette localité des sources nombreuses dont la température, la richesse en principes sulfureux et l'alcalinité sont très variées.

(1) Doct. Lejard , *Association française pour l'avancement des sciences*, 21ᵉ session, Pau, 1892.

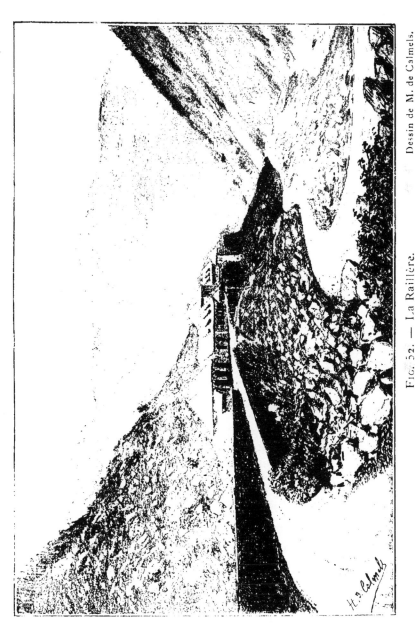

Fig. 52. — La Raillère.

Dessin de M. de Calmels.

Malheureusement, quelques-unes d'entre elles naissent à une distance assez considérable de la ville : ce qui peut, dans certains cas, être un grand inconvénient. De l'éloignement des sources est née la nécessité de fonder plusieurs établissements distincts, dont chacun est alimenté par des sources particulières. Cet isolement des divers groupes de sources, dans des établissements particuliers, est une chose avantageuse, en ce sens que chacun d'eux a pu être approprié d'une manière toute spéciale aux divers modes balnéaires que la pratique a reconnus les plus convenables (1). »

La plus remarquable des sources de Cauterets est celle de la Raillère (fig. 52). L'eau de cette source jouit, depuis un temps immémorial, d'une grande réputation pour le traitement de certaines affections des voies respiratoires. La source vieille des Eaux-Bonnes peut seule lui être comparée sous ce rapport ; mais l'expérience montre que les eaux de Bonnes sont plus excitantes que celles de la Raillère.

Les eaux de Cauterets, considérées dans leur ensemble, sont moins chaudes, moins sulfureuses et plus alcalines que celles de Luchon. Quoique riches en silice, elles laissent dégager peu d'acide sulfhydrique : aussi ces eaux sont-elles plus douces et plus sédatives que celles de Luchon.

En général, les installations sont parfaitement comprises. Appareils à inhalation très propres, correctement conçus, mais insuffisants comme rendement en acide sulfhydrique : défaut inhérent à la nature même du principe sulfureux des eaux.

(1) Filhol, *Eaux minérales des Pyrénées*, Toulouse, 1853, p. 331.

Argelès-Ga{ost (Hautes-Pyrénées). — Etablisse-

Dessin de E. Sadoux.

Fig. 53. — Saint-Sauveur.

ment luxueusement commencé, mais encore à moitié bâti.
Conduite d'eau de 17 kilomètres, qui n'amène à l'établis-

sement que de l'eau altérée ; mais il serait facile de porter
remède à cet état de choses. Localité charmante de la
vallée d'Argelès.

Eaux éminemment détersives : quelques lotions sur les
ulcères, les plaies, surtout à la suite des contusions, suffisent pour amener la guérison.

Saint-Sauveur (Hautes-Pyrénées) (fig. 53). — Etablissement parfaitement installé ; reçoit tous les ans un
grand nombre de malades attirés par la réputation de ses
eaux dans le traitement des névroses et des affections de
l'utérus. Si l'on compare la richesse en sulfure de sodium
des bains de Saint-Sauveur avec celle des bains de Luchon, il sera facile de reconnaître que le degré d'excita-
tion que produisent les eaux sulfureuses n'est pas en
rapport avec la quantité de sulfure qu'elles renferment.

Un bain d'eau de la Reine à Luchon, mis à la température de 35°, contient moins de sulfure qu'un bain de
Saint-Sauveur, et pourtant il excite beaucoup plus les
malades. Sans doute, la composition chimique de l'eau
n'est pas étrangère à ces différences ; mais la température
y est pour beaucoup. En général, lorsque les malades
ont à leur disposition de l'eau chaude et de l'eau froide,
ils prennent souvent, malgré l'avis de leur médecin, des
bains trop chauds (1). »

Barèges (Hautes-Pyrénées). — La découverte des eaux
de Barèges remonte à plusieurs siècles ; mais elles étaient
seulement connues des habitants du pays. Elles devin-

(1) Filhol, *op. cit.*, p. 336 et s.

rent célèbres sous Louis XIV, lorsque Madame de Maintenon y eut conduit le jeune duc du Maine.

« Les eaux de Barèges, mieux que d'autres, facilitent l'élimination des corps étrangers : esquilles osseuses ; la plupart des guérisons signalées par des médecins honorables et très dignes de foi tiennent vraiment du prodige. Elles sont d'une efficacité merveilleuse dans le traitement des vieilles blessures, des plaies d'armes à feu, des plaies fistuleuses, des ulcères atoniques, variqueux, des caries des os, etc. »

Etablissement le mieux conçu dans son genre, le mieux aménagé relativement au volume de l'eau. Station suivie par les militaires : hôpital militaire pouvant recevoir 70 officiers et 300 soldats.

Labassère (Hautes-Pyrénées). — Eau froide, et de toutes les eaux sulfureuses il n'en est aucune qui ne soit moins altérable, soit par l'exposition à l'air, soit par le transport. Aussi est-elle employée avec succès loin de la source, dans le traitement des affections des organes respiratoires.

Cadéac (Hautes-Pyrénées). — Eaux très riches en principes actifs, excellentes pour le transport ; deux établissements un peu primitifs bâtis sur chaque rive de la Neste, mais station d'avenir.

Tramez-Aygues, le Garet (Hautes-Pyrénées). — Petit établissement modeste, eau sulfurée la plus chargée en bromure de toutes les sources des Pyrénées ; guérison des plaies et des rhumatismes nerveux.

Luchon (Haute-Garonne) (fig. 54). — Les eaux thermales de Luchon ont été connues et utilisées par les Romains : Strabon les désignait sous le nom de *Thermæ
Onesiæ præstantissimæ*, et les nombreux autels votifs que
l'on a découverts aux alentours des sources prouvent
combien était grande leur réputation. Quelques-uns de
ces monuments sont conservés dans les thermes actuels,
les autres figurent au musée de Toulouse.

A côté des thermes romains élevés par Septime Sévère
dont on a retrouvé des traces très facilement reconnais-
sables, s'élevait le temple du dieu Lixon.

LIXONI

DEO

FABIA VESTA

V. S. L. M.

De là le nom actuel de Luchon.

Lors de l'invasion des Barbares, les thermes de Luchon
furent saccagés, et l'emplacement des thermes onésiens
devint un marécage.

Pendant toute la durée du moyen âge, Luchon et ses
sources furent à peu près inconnus, lorsque en 1754 un
grand seigneur, ayant entendu parler des guérisons obtenues par les eaux chaudes de la grotte de Luchon, se
hasarda à venir s'y baigner, et s'en revint complètement
guéri. Il parla de ce fait à l'intendant de la province,
d'Etigny, et celui-ci vint à Luchon, emmenant avec lui
deux chimistes, Bazer et Richard, pour leur faire analyser
les eaux chaudes.

Il fit percer des routes, planter l'allée qui porte aujour-

Fig. 54. — Établissement thermal de Luchon. Dessin de M. de Calmels.

d'hui son nom, et projeta la construction d'un établissement thermal ; mais celui-ci ne fut édifié qu'en 1818 ; et en 1848 la municipalité fit commencer les thermes actuels.

« Parmi les stations thermales des Pyrénées, il n'en est pas de plus importante que celle de Luchon. Ici, en effet, on rencontre les sources les plus sulfureuses de toute la chaîne ; on y trouve, en outre, des sources moins riches en principes actifs, et qu'on peut classer parmi les sources de force moyenne, et des sources faiblement minéralisées ; on y rencontre enfin des eaux qui ont la propriété de subir une décomposition telle qu'une partie du soufre qu'elles renfermaient primitivement à l'état de sulfure de sodium, devenant libre, se trouve suspendu dans l'eau minérale et lui donne l'aspect d'une émulsion. Les bains d'eau blanche, qui ont l'apparence d'un bain de lait, sont fort recherchés par les malades.

« Les sources sulfureuses de Luchon sont au nombre de 38, dont 22 ont été découvertes par l'ingénieur François, chargé du captage de ces eaux. Ces 38 sources constituent la série d'eaux sulfureuses la plus belle et la plus complète qui soit connue ; la richesse de certaines sources est telle qu'aucune autre des Pyrénées ne peut être comparée, sous ce rapport, à Bagnères-de-Luchon. Le débit de l'ensemble s'élève à environ 416,000 litres en 24 heures à l'étiage, et à 472,000 litres lors des grandes infiltrations. » (Filhol.)

D'après le docteur Garrigou, les eaux de Luchon seraient « uniques en Europe, pour l'application des vapeurs aux inhalations. Établissement luxueux, mais à remettre au niveau de la science hydrologique actuelle,

Fig. 55. — Établissement thermal d'Ax.

dessin de M. de Calmels.

au point de vue de plusieurs détails. Ces humages corri-
gés, et les appareils nouveaux que la station comporte,
établis, Luchon peut devenir la station la plus importante de toute l'Europe, au point de vue surtout des maladies de l'appareil respiratoire. »

Ax (Ariège) (fig 55). — Le nom même d'Ax, qui provient évidemment du mot latin *aquæ*, indique que les
eaux chaudes d'Ax étaient connues des Romains, et le
doute n'est plus possible à cet égard aujourd'hui, car le
docteur Garrigou a découvert un captage positivement
romain, au Couloubret.

En 1200 fut établie une large piscine des *bains des
ladres* au milieu même du village, et à côté de l'hôpital
Saint-Louis qui remonte à l'année 1270.

On compte 53 sources sulfureuses, jaillissantes dans le
périmètre de la ville : aussi la neige persiste-t-elle moins
longtemps qu'aux alentours, et en plusieurs points l'eau
de l'Ariège est sensiblement réchauffée par son mélange
avec les eaux chaudes des jets souterrains.

Les habitants d'Ax se servent des eaux thermales pour
tous les usages domestiques et pour le lavage des laines ;
ils utilisent à cet effet le grand bassin des Ladres.

Autrefois divisées entre plusieurs exploitants, les eaux
d'Ax sont aujourd'hui entre les mains d'une seule Compagnie, qui a déjà entrepris de nouvelles installations,
qui feront, d'ici à peu de temps, de la station d'Ax une
des plus importantes des Pyrénées.

Les appareils à pulvérisation du Teich sont les plus
commodes et les mieux combinés que je connaisse, dit le
docteur Garrigou. Le malade est assis pour prendre sa

douche pulvérisée sur un point quelconque de la face, sans avoir à se déranger en aucune façon. Les articulations multiples et parfaitement combinées des appareils permettent de les retourner dans tous les sens.

« Les propriétés physiques et chimiques des eaux minérales d'Ax sont à peu près les mêmes que celles de Bagnères-de-Luchon.

Ce que l'on appelle de l'eau bleue (à Ax) est tout simplement une eau dégénérée, qui tient en suspension une petite quantité de soufre, et qui est comparable à l'eau blanche de Luchon ; mais l'eau bleue étant moins sulfureuse ne paraît blanche que lorsqu'on la voit sous une grande épaisseur. » (Filhol.)

Ax est excellent pour les rhumatismes invétérés, la scrofule et les tubercules des os. Eaux diurétiques pour les goutteux. La plus utile des stations pyrénéennes sulfurées pour le lavage interne des syphilitiques mercuriarisés.

Carcanières (Ariège). — Sources fort abondantes, déposant de la barégine et des sulfuraises en masse. Établissements un peu primitifs. Traitement spécial des rhumatismes goutteux.

Escouloubre (Aude). — Mêmes propriétés.

Usson (Ariège). — Eaux sulfurées fortement arsénicales, très efficaces dans les affections cutanées.

Escaldas (Pyrénées-Orientales). — Établissement déjà ancien, mais captage en pleine réfection ; traitement du rhumatisme et des voies urinaires.

Thuez (Pyrénées-Orientales). — Captage encore in-complet ; la source de la cascade est la plus chaude des Pyrénées (78°) ; elle contient des organismes vivants.

Canaveilles (Pyrénées-Orientales). — Etablissement très bien combiné, mais dans une gorge étroite et sau-vage.

Moligt (Pyrénées-Orientales). — Etablissement ins-tallé d'une manière très correcte, et très scientifique, à la hauteur, dans ses détails, des thermes les mieux conçus. Quelques salles de bains établies avec un luxe intelligent. Pulvérisations très commodes, très souvent employées pour les maladies de la peau.

Le Vernet (Pyrénées-Orientales). — Le Vernet devrait être la première des stations Pyrénéennes, si l'on en ju-geait par la somme dépensée à son aménagement, plus de 6 millions ; malheureusement les résultats obtenus n'ont pas été en proportion des dépenses. Malgré les splendeurs et l'agrément incontestable de ses constructions et de ses jardins, il est à craindre que la station ne périclite, tant que les fautes commises n'auront pas été réparées. Exem-ple remarquable du mal qui peut être fait dans une sta-tion balnéaire lorsque l'on ne tient pas compte des con-seils des hommes compétents.

Comme station sulfurée d'hiver, le Vernet pourra deve-nir la première station d'Europe.

« Les eaux du Vernet sont employées pour combattre une foule d'affections qui peuvent être avantageusement modifiées par les eaux sulfureuses en général ; mais elles sont plus spécialement recommandées dans les cas où l'on veut utiliser l'action des vapeurs sulfureuses chez les personnes atteintes de phtisie. Les chambres du grand établissement sont entretenues pendant l'hiver à une température de 15° à 18° par des conduits que parcourt l'eau thermale. »

Amélie-les-Bains (Pyrénées-Orientales). — Les eaux thermales d'Amélie-les-Bains étaient utilisées par les Romains, et c'est dans cette localité que l'on a trouvé les restes les plus considérables et les mieux conservés de la station antique.

La partie la plus complète est le *lavacrum*, vaste parallélogramme de 20 m. de long sur 12 de large et 11 de haut sous la clef de voûte qui est en plein cintre. Le long des murs latéraux s'ouvrent, de chaque côté, deux niches de 2 m. 80 d'ouverture, 3 m. 50 de hauteur, et de 0 m. 95 de profondeur au centre ; séparées entre elles par un enfoncement carré de même hauteur et de même profondeur que les niches, mais plus large de 10 cent. Une niche beaucoup plus considérable remplissait presque tout le mur du fond ; celle-ci avait 7 m. 20 d'ouverture, 6 m. de hauteur et 1 m. de profondeur au centre. Ces niches latérales étaient peut-être pour les baigneurs particuliers, comme on le voit dans les thermes antiques ; et dans celle du fond devaient être des banquettes pour la commodité des baigneurs qui voulaient se reposer ou déposer leurs vêtements.

« Le *lavacrum*, qui s'étendait au centre de cette salle, presque entièrement converti, depuis, en cabinets séparés, avait 16 m. de long et 8 de large ; sa profondeur, qui était

de 2 m., prouve qu'il servait en même temps de piscine.
Cinq marches régnant le long des quatre faces de cette
piscine conduisaient jusqu'au fond, en même temps
qu'elles offraient aux baigneurs des sièges qui leur per-
mettaient d'immerger leur corps jusqu'à la hauteur
qu'ils désiraient.

Le fond de ce bassin était pavé en petites briques,
posées de champ, obliquement, en manière de grains
d'épis : *opus spicatum*. A côté, se trouvait une grande
salle servant de *sudatorium*, et qui, par la chute de la
voûte, est transformée aujourd'hui en une cour intérieure
de l'établissement thermal actuel.

D'autres constructions antiques se voient partout aux
environs ; des médailles impériales ont été fournies en
abondance par les fouilles pratiquées en ce point.

Un aqueduc creusé en partie dans le roc, sur la pente
de la montagne, amenait à l'établissement romain les
eaux du ruisseau de Mondoug, où se voit encore le barrage qui tenait le cours de ses eaux au niveau du canal ;
c'est à ce barrage qu'on donne fort bizarrement, dans le
pays, le nom de *mur d'Annibal* (1). »

En 786, Charlemagne fit don des bains d'Arles aux
Bénédictins d'Arles.

Le ministère de la guerre a fait élever à Amélie un
grand hôpital où l'on traite les blessés et les malades militaires dont l'état de santé demande l'usage des eaux sulfureuses.

Dans les différents établissements, les malades peuvent
aller des hôtels aux thermes sans sortir.

(1) Henri, *Guide du Roussillon*.

La station est plus encore une station d'hiver qu'une ville d'eaux proprement dite.

La *Petite-Provence*, admirablement exposée pour la saison froide, est une promenade entourée de chalets, qui est appelée à prendre uu grand développement, le jour surtout où la ligne ferrée de Perpignan à Céret arrivera à Amélie.

La Preste (Pyrénées-Orientales). — Les eaux de la Preste jouissent d'une réputation méritée pour le traitement des maladies des voies urinaires ; c'est une des stations les plus élevées (1,200 m.), et, comme telle, elle pourrait devenir station d'altitude.

II. — Eaux chlorurées. — Les eaux chlorurées, toutes froides dans les Pyrénées, peuvent être divisées en deux groupes : les fortes et les faibles.

a. — Eaux chlorurées fortes. — Elles naissent toutes dans le Trias ; quatre sont exploitées pour bains :

Salies-du-Béarn (Basses-Pyrénées). — Les thermes sont attenants à l'usine à sel ; installation nouvelle et bien conçue : dans les bains d'eau salée pure, on attache le malade au fond de la baignoire, afin qu'il ne surnage pas, par suite de l'énorme densité de l'eau.

On mélange souvent à l'eau salée naturelle des eaux mères provenant de la fabrication du sel et très riches en bromure de magnésium : 12 gr. par litre.

Ces eaux, très à la mode aujourd'hui, conviennent au traitement du lymphatisme, de la scrofule, des névroses, de l'anémie.

Salies-du-Salat (Haute-Garonne). — Les sources employées pour les bains sont peu abondantes ; mais la saline exploitée en grand aujourd'hui par la Compagnie des sels de la Méditerranée pourrait servir de base à un établissement de premier ordre.

Dax (Landes). — On y a surtout, jusqu'à ce jour, exploité au profit des malades les eaux-mères de la saline ; le traitement salé va être organisé sur une grande échelle dans un établissement spécial.

Rennes-les-Bains (Aude). — C'est la Salz, source sortant du banc de sel gemme de Saugraigue, qui arrive à ciel ouvert jusqu'à Rennes, et qu'on y exploite, mais d'une manière sérieuse ; il est vrai que l'eau est fortement altérée lorsqu'elle arrive au lieu d'emploi.

b. — *Eaux chlorurées faibles.* — La seule station à signaler est celle de Baucens, près d'Argelès (Hautes-Pyrénées). Il y a plusieurs sources naissant dans le terrain silurien, dont deux sont exploitées dans un établissement absolument primitif. Affections rhumatismales et névralgiques, principalement la sciatique.

III. — EAUX BICARBONATÉES. — Elles se divisent en fortes et faibles.

a. — *Eaux bicarbonatées fortes.* — Elles sont toutes groupées au pied des Albères dans le Roussillon, du côté de la France, et entre les Albères et Barcelone, du côté de l'Espagne.

Les principales eaux bicarbonatées des Albères sont :

Le Boulou (Pyrénées-Orientales). — Trois sources alimentent un établissement fort convenable, où l'on peut séjourner en hiver.

La boisson est surtout la médication employée au Boulou. La nature des sources les rapprochant beaucoup, au point de vue chimique, de certaines eaux de Vichy, a fait appeler avec juste raison, par Béchamp, la station du Boulou le Vichy du Midi. Les eaux sont bicarbonatées, sodiques et ferrugineuses ; elles contiennent également, mais en très petites quantités, de l'arsenic et du cuivre ; elles se conservent admirablement en bouteille. On y traite les mêmes affections qu'à Vichy.

L'Écluse, Sorède, Larroque et Moulas, au pied des Albères également, n'ont aucune importance : les eaux de Sorède ont une température maximum de 21°.

Montesquieu (Pyrénées-Orientales). — « Une source se chargeant d'acide carbonique sur place même. Le captage que j'ai fait de ces sources est l'un des plus curieux et des plus instructifs qui aient jamais été entrepris sur ce genre d'eaux. Température de l'eau, 12°.

« L'homme préhistorique y avait une station (âge de la pierre polie). C'était certainement le goût exquis de cette eau qui l'avait attiré en ce point. On exporte l'eau comme eau de table. Celle-ci n'a de pareille que l'eau de Tessières-les-Bouillés (Cantal). On pourrait donner à ces deux sources le nom d'*Eau des gourmets*. Leur avenir comme eau de table est considérable. » (Garrigou.)

Alet (Aude). — Les sources d'Alet sont légèrement car-
bonatées et phosphatées ; deux d'entre elles sont douées
d'une certaine thermalité et fournissent environ 21,000
litres d'eau en 24 heures ; employées avec succès dans les
affections intestinales.

Campagne (Aude). — Sources abondantes, parfaites
dans un grand nombre de cas d'aménorrhée, de dismé-
norrhée, et dans certaines dyspepsies.

Foncirgue (Ariège). — Superbes sources, qui peuvent
prétendre au plus grand succès lorsqu'elles seront complètement aménagées ; réussissent fort bien dans les affections intestinales chroniques et subaiguës.

IV. — EAUX SULFATÉES. — Les eaux sulfatées sont, après
les eaux sulfurées, les plus nombreuses des Pyrénées ;
ce sont celles qui fournissent les griffons les plus volumineux.

Elles naissent généralement dans les terrains secondaires et tertiaires. Les unes sont chaudes, les autres sont
froides.

a. — *Eaux sulfatées chaudes.* — Nous signalerons
parmi les plus importantes :

Dax (Landes). — Abondance d'eau inouïe : la fontaine
de la Néhée constitue la grande curiosité thermale de
Dax ; elle débite près de 2,500,000 litres d'eau en 24
heures ; elle a une température de 64°.

Les bains de boue de cette station ont une grande ré-

putation dans le traitement de certains rhumatismes, lorsque les malades ne peuvent supporter les bains sulfureux.
Ces boues onctueuses contiennent une quantité considérable de matières organiques, et elles sont chauffées na-
turellement par des griffons d'eau chaude qui naissent
au milieu d'elles.

Préchacq (Landes). — *Barbotan* (Gers), se rapprochent
des eaux et des boues de Dax.

Bagnères-de-Bigorre (Hautes-Pyrénées). — Etablis-
sements très nombreux ; quelques captages remontent à
l'époque romaine.

Le grand établissement appartient à la ville et contient
une installation hydrothérapique complète, des salles de
bains d'une propreté et d'un aménagement généralement
irréprochables, des salles de pulvérisation, une superbe
salle de natation, des piscines de famille, des piscines
pour bains prolongés.

Les thermes de Salut sont principalement consacrés,
d'après l'usage de la source, aux maladies des femmes ;
avec les autres sources, on traite surtout le rhumatisme
simple et goutteux, ainsi que les affections chroniques de
l'arbre aérien. On boit, à Bagnères-de-Bigorre, l'eau de
Labassère transportée dans d'excellentes conditions.

Capvern (Hautes-Pyrénées). — Un établissement
luxueux, en même temps que sévère et bien conçu, a été
récemment bâti à Capvern ; eaux souveraines dans le
traitement des affections vésico-rénales, gravelle, dia-
bète.

Ussat (Ariège). — Le captage des eaux d'Ussat constitue le chef-d'œuvre de l'ingénieur Jules François.

Ces eaux, dont le point d'émergence est perdu sous d'anciennes alluvions recouvrant le pied de la berge droite de la vallée, formaient, derrière l'ancien établissement, un lac souterrain, au niveau duquel étaient établies des baignoires sans fond. Les eaux étaient retenues dans ces bains, à un niveau de 41 à 45 cent. 1, par une vanne de charge communiquant avec un canal de vidange qui permettait de faire écouler l'eau des baignoires dans l'Ariège.

Celles-ci n'étaient séparées de la rivière que par une zone assez étroite (32 mètres) d'alluvions très perméables et qui ne s'opposaient pas complètement au mélange des eaux thermales avec l'eau froide. Dans les fortes crues, le niveau de l'Ariège étant à 2 mètres plus haut que celui du lac souterrain, il y avait mélange de l'eau minérale avec celle de la rivière.

D'un autre côté, lors des basses eaux, le niveau de l'Ariège étant inférieur à celui du lac, la majeure partie de l'eau thermale se perdait dans la rivière, et l'eau ne s'élevait plus dans les baignoires qu'à 35 centimètres. Les bains offraient donc des variations notables, soit dans la température, soit dans l'abondance de l'eau.

Tel était l'état des choses lorsque l'ingénieur J. François entreprit de porter remède à ces divers inconvénients.

Pour atteindre ce but, cet habile ingénieur fit établir, dans l'intérieur de la montagne, des galeries souterraines qui permirent de mettre l'eau minérale à l'abri de tout mélange avec les sources froides.

Pour empêcher les eaux de l'Ariège de s'épancher vers

les eaux thermales, M. François, ayant observé qu'il y avait un point d'équilibre entre les eaux chaudes s'épanchant dans l'Ariège et les eaux froides envahissant les bains, eut l'heureuse idée de rendre permanent cet état d'équilibre, qui n'était produit que par hasard et de loin en loin, en substituant aux eaux de l'Ariège, qui formaient ainsi un barrage liquide dont l'action inégale avait pour effet, tantôt de retenir l'eau thermale sans se mêler avec elle, tantôt de ne la retenir qu'en partie et de permettre son écoulement partiel dans la rivière, tantôt enfin de la refouler et de se mêler avec elle, un barrage liquide dont le niveau fût invariable et calculé de manière à établir cet état d'équilibre que produisait momentanément à certaines époques l'eau de l'Ariège (1).

Ces eaux, assez fortement chargées de matière organique qui leur communique une onctuosité remarquable, est surtout employée dans les maladies de femmes, affections névrotiques.

b. — Eaux sulfatées tièdes ou froides. — Saint-Christau (Basses-Pyrénées). — Les eaux de Saint-Christau sont connues et utilisées depuis des siècles, dans les diverses espèces de dermatoses, dans les maladies de la muqueuse nasale et de la muqueuse oculo-palpébrale.

Capvern, source du Bourridé. — Affections nerveuses et surtout maladies de femmes.

Siradan (Hautes-Pyrénées). — Établissement très bien aménagé, eaux souterraines dans les fièvres d'Afrique

(1) Jules François, in *Dictionnaire des eaux minérales* de Durand-Fardel, Lebret et Lefort. Paris, J.-B. Baillière.

invétérées, très employées dans les affections des voies digestives et rénales, ainsi que dans les névroses.

Sainte-Marie (Hautes-Pyrénées), *Barbazan* (Haute-Garonne), Encausse (Haute-Garonne). — Eaux du même genre que celles de Siradan, employées aux mêmes usages. Barbazan aurait été utilisée par les Romains.

Aulus (Ariège). — « Type de sources déplacées et transformées par des travaux de captage intempestif. La vigueur des propriétés dépuratives anciennes sera rendue aux sources, ainsi que toutes leurs autres vertus si précieuses et actuellement modifiées d'une manière sensible, le jour où on les aura ramenées à leur émergence primitive. Les eaux dont on use aujourd'hui sont diurétiques et très peu purgatives.

« Elles sont utiles dans les affections goutteuses et dans la gravelle ; quelques dermatoses semblent s'en bien trouver. » (Garrigou.)

V. — Eaux ferrugineuses. — On peut diviser ces eaux en deux groupes : eaux sortant de la roche en place, et eaux ferrugineuses des terrains meubles.

a. — *Eaux ferrugineuses sortant de la roche en place.* — Ces sources très nombreuses naissent dans des terrains anciens, contenant des pyrites et quelques autres minerais de fer, au sein desquels se forment, sous l'influence de l'oxygène de l'air, des composés solubles que les eaux entraînent avec elles. Ainsi le beurre de montagne (sulfate de fer et d'alumine), véritable alun naturel, est soluble et sert de principe ferrugineux à une quantité de sources exploitées à Cauterets, Luchon, etc.

Nous nous contenterons de dire un mot de quelques-unes d'entre elles qui sont particulièrement intéressantes, toujours d'après le docteur Garrigou.

Source de Moudang (Hautes-Pyrénées). — Cette source est excessivement curieuse par son abondance d'abord, car elle forme un vrai torrent, puis par sa composition. Elle contient du fer sous plusieurs formes : bicarbonate, sulfate et crénate, à l'état de sel de protoxyde ; de plus, elle est légèrement sulfhydriquée. Lorsqu'on embouteille cette eau, l'hydrogène sulfuré est détruit par le peu d'oxygène qui reste dans l'air emmagasiné entre la surface de l'eau et le bouchon, et l'oxygène ainsi absorbé, par suite de sa combinaison avec le soufre de l'hydrogène sulfuré, n'attaque plus le composé ferrugineux. Celui-ci reste à l'état de sel de protoxyde, et sa solubilité totale persiste. C'est là un caractère spécial à cette eau, ce qui lui donne une grande supériorité sur toutes les autres sources ferrugineuses, au point de vue du transport. Elle n'est pas exploitée. Un avenir que, sans exagération, l'on peut prévoir comme exceptionnel, lui est réservé, le jour où elle sera correctement présentée au corps médical et aux malades.

Source de la Grotte du Chat (près Luchon). — Cette source, quoique moins abondante que celle de Moudang, possède néanmoins un débit énorme.

Elle a fourni par son lent écoulement dans les schistes

siluriens dans lesquels se trouve la Grotte du Chat, de
magnifiques stalactites, de fer irisé.

Cette source est inexploitée.

Source du massif de Puymaurens (Ariège). — Elle est
en rapport avec le gîte de minerai de fer magnétique de
cette région. Son abondance est des plus considérables. Les
anémiques de la haute vallée de l'Ariège vont quelquefois
s'installer dans la cabane de berger qui en est voisine,
et y font des cures merveilleuses. Cette source est surtout
constituée par du bicarbonate et du sulfate de fer.

b. — Eaux ferrugineuses des terrains meubles. — Ces
sources naissent dans les terrains plus ou moins humides et marécageux, et par suite de la décomposition des
principes organiques des plantes qui jouent le rôle d'a-
cide, et s'unissent au protoxyde de fer produit par réduction du sesquioxyde par les matières organiques elles-
mêmes. Elles sont temporaires, et généralement inutili-
sables pour le transport.

On en trouve des milliers dans les Pyrénées comme
partout ailleurs. (Garrigou.)

CHAPITRE III.

MÉTÉOROLOGIE

Banyuls-sur-Mer. — Plaine du Roussillon. — Ariège, vent d'autan.
— Luchon. — Bagnères-de-Bigorre. — Observatoire du Pic du
Midi. — Observatoire de Gavarnie. — Pau. — Bayonne.

Les Pyrénées sont loin de posséder un climat uniforme
et de l'Océan à la Méditerranée les conditions de température, de pluie ou de vent sont toutes différentes.

En haute montagne il existe une plus grande uniformité ; mais les observations sont encore insuffisantes à ce
sujet, car l'observatoire du Pic du Midi, malgré son altitude considérable, est placé en avant de la grande chaîne ;
et pour savoir bien exactement ce qui se passe dans les
hautes régions, il faudrait établir des postes d'observations
sur quelque sommet central, au Vignemale par exemple.
Espérons que quelque jour ce projet sera réalisé, et que
quelque généreux mécène nous gratifiera d'un pendant
à l'observatoire de M. Vallot au Mont-Blanc.

Au lieu de chercher à étudier la météorologie générale
de la chaîne, nous allons prendre quelques stations bien
caractérisées ; et par cela il sera possible de se rendre
compte de la diversité, des avantages et des inconvénients
des différents climats pyrénéens.

Banyuls-sur-Mer (Pyrénées-Orientales). — Banyuls,

comme tout le Roussillon, appartient au climat pyrénéen ; mais cependant le climat de cette partie du littoral est tout spécial. Ceci tient à la direction N.-S. des côtes, dominées presqu'à pic par les derniers sommets des Albères, tandis que la mer s'étend directement à l'est du vallon dans lequel est bâtie la ville. Les vents marins soufflant de l'est sont moins froids et moins secs, les vents de l'ouest et du sud-ouest moins humides, ceux du nord et du nord-ouest moins violents, et ceux du sud moins brûlants après leur passage au-dessus de la crête de la montagne.

Le régime anémologique de Banyuls diffère de celui du reste de la France. Les dépressions, dans notre hémisphère, se déplaçant de l'ouest vers l'est, leur trajectoire, lorsqu'elles arrivent sur les côtes du Roussillon entre Collioure et le cap Cerbère, a été modifiée, déviée de sa direction primitive par toute la longueur du massif pyrénéen. Banyuls, couché au milieu même des dernières ramifications de ce soulèvement, se trouve être, de toutes les localités de la France, le plus en dehors des grandes dépressions atmosphériques venant de l'Océan Atlantique.

La température moyenne annuelle de Banyuls est de 15° 4.

La moyenne de janvier, février, mars s'élève à 9° 5 ; celle d'avril, mai, juin, à 17° 4 ; celle de juillet, août, septembre, à 22° 7 ; celle d'octobre, novembre, décembre, à 11° 8. Les jours sans nuages sont en moyenne de 130 par an ; les jours de pluie, de 69 ; ceux de grand vent, de 64 ; 2 jours et demi de gelée, 1 et demi de neige ; 11 d'orage.

Ce qui caractérise le climat de Banyuls, c'est la séré-
nité de l'atmosphère, la limpidité du ciel. On y voit le
soleil cinq ou six fois plus fréquemment que dans le
reste de la France. Il y a peu de journées complètement
sans soleil : 20 à 25 au plus par an ; presque toujours son
disque parvient à percer la couche des nuages.

La pluie est surtout amenée par les vents du sud-est au
nord-est, parfois par ceux du nord-ouest et du sud-ouest.
Les vents d'ouest ne sont pas pluvieux, contrairement à
ce qui a lieu pour la région océanienne. Lorsqu'il a plu,
même très peu, le *mistral* ne tarde guère à souffler : il se
produit alors un phénomène opposé à l'adage populaire,
et l'on peut dire qu'à Banyuls : *petite pluie amène grand
vent.*

Quoique le mistral de Banyuls ne soit plus le terrible
vent de la Provence, du Languedoc et du reste du Roussillon, il n'en est pas moins fort désagréable par sa fréquence et son intensité. Le mistral souffle toujours après
les pluies venues de l'est ou du sud-ouest. C'est lui qui
balaie les nuages et rassérène l'atmosphère. De l'autre
côté des Pyrénées, à Figueras, à Rosas, il souffle avec
autant de violence qu'à Banyuls : ce n'est qu'à Mataro
qu'il cesse de se faire sentir.

Le vent du sud, lui aussi, est souvent très violent et
très desséchant; mais il est moins fréquent que le mistral.

En somme, les grands vents sont le principal ennemi
du climat de cette région.

Le thermomètre descend rarement au-dessous de zéro ;
il y a même des années complètement sans gelées ;
la température la plus basse qui ait été constatée est
de —3°. Quant aux plus fortes chaleurs à l'ombre, elles ne

dépassent pas 35°. Cela tient, sans doute, à l'alternance, pendant l'été, des brises de terre et de mer, qui sont bien plus sensibles à Banyuls que sur le littoral de la Provence.

Les orages sont rares et peu violents : 10 à 12 en moyenne par an. Les plus forts éclatent avec les vents du nord-ouest, les autres sont arrêtés par la montagne.

Le brouillard est inconnu à Banyuls ; c'est probablement le point le plus sec du littoral.

Enfin, comme caractéristique du climat de Banyuls, nous citerons sa flore : plusieurs plantes exotiques, parfaitement acclimatées, poussent spontanément : opuntia, agave, aloès, cactus, térébinthe, arbousier, laurier-rose, myrte, grenadier, etc., etc. On cultive en plein vent et sans aucune espèce d'abri l'oranger, le citronnier, le mandarinier.

On cultive encore avec succès les arbres exotiques suivants : différentes variétés de palmiers : phœnix, chamærops ; le casuarina, araucaria, dracæna ; toutes les variétés d'eucalyptus, de mimosa ; les arbrisseaux tels que myoporum, anthyllis, lagunaria, poinciana, bambusa, phormium, etc., etc. (1).

Plaines du Roussillon. — Le régime des plaines dans le Roussillon est des plus intéressants, et nous devons à M. le docteur Fines, directeur de l'observatoire de Perpignan, une intéressante étude sur cette question ; nous lui empruntons les notes suivantes.

La quantité de pluie qui tombe à Perpignan est très

(1) D'après le docteur L. Martinet, in *Congrès d'hydrologie et de climatologie*, 1886, p. 440.

variable : allant de 900 mill. à 283, la moyenne serait de
563 mill. en 62 jours, ce qui donne 9 mm. pour chaque
jour de pluie.

Remarquons que dans une période de trente ans, dix
mois se sont écoulés sans donner une goutte de pluie, et
pendant 14 mois, il n'en est pas tombé plus de 1 à 2 mil-
limètres, ce qui permettrait de dire qu'il y a eu 24 mois
sans pluie.

Deux saisons de pluie, le printemps et l'automne, sont
très marquées dans tout le Roussillon.

Le vent d'est est celui qui amène la pluie ; les vents
froids et secs du nord-ouest, qui soufflent très fréquem·
ment, refoulent souvent les vents d'est et donnent une
petite quantité de pluie.

A ceci nous ajouterons encore les notes suivantes du
même auteur sur les noms des vents qui se font sentir en
Roussillon.

« Les vents portent en Roussillon des noms particuliers :
le vent du nord est appelé *Tramontana*, vent d'au delà
des monts, ou Narbonnès, qui vient de Narbonne : c'est
le *mistral* de la Provence. Il se précipite sur la plaine,
impétueux, incisif et froid, et « se déchaîne violent et redoutable, renversant les hommes et leurs chars et les
dépouillant de leurs armes et de leurs vêtements. » (Strabon.)

Le vent d'ouest se nomme le *Ponent*, vent du couchant,
ou le *Canigonenc*, vent du Canigou.

Le sud-ouest, *Illebetzada*, du mot arabe « llebetz » ou
vent d'Epanya.

Le sud est désigné sous le nom de *Mitgzorn*, vent du
midi, vent du milieu du jour.

« Ce vent est toujours chaud et plus ou moins sec, agréable en hiver, pénible et dangereux pendant la belle saison. Il nous arrive des plaines sablonneuses d'Afrique, après avoir traversé la Méditerranée dans sa partie la plus retirée, et possède les propriétés du *Sirocco*.

Le vent du sud-est, appelé *Marinada*, vent de la mer, est chaud et humide, toujours favorable aux progrès de la végétation, mais hyposthénisant ; il déprime les forces et nuit à l'activité du corps et de l'esprit.

Le vent d'est, *Levant*, vent du levant ; il a à peu près les mêmes caractères que le précédent.

Le nord-est est appelé *Grégal*, vent grec. Ce vent possède une température moyenne assez élevée, et amène souvent la pluie.

Les coups de vents sont quelquefois d'une telle violence qu'ils ont renversé des trains : trains de voyageurs et trains de marchandises, renversés le 27 février 1860, non loin de Rivesaltes. Mais, grâce aux mesures prises, ces accidents ne se produisent plus aujourd'hui (1). »

Ariège. — Nous devons à l'extrême obligeance de Monseigneur Rougerie les observations suivantes sur le vent d'*autan*, observations qui s'appliquent aussi bien à la vallée de l'Ariège, qu'à celles de l'Aude et de la Garonne. Ce n'est guère en effet qu'à Tarbes que ce désagréable vent d'autan cesse de se faire sentir, et partout sa marche est la même.

Dans la région ariégeoise, le vent du midi est rare, et le

(1) D'après le docteur Fines, *Bulletin de la Société d'Agriculture des Pyrénées-Orientales*, t. XX, p. 169 et s.

vent du nord peu fréquent. Le vent d'ouest-nord-ouest, ou du golfe de Gascogne, est le vent dominant; il souffle sans interruption pendant de longues séries de jours. Le vent de l'est, ou vent d'*autan*, est le seul qui de temps à autre lui dispute avec succès l'empire des airs ; l'Autan vient des plaines du Languedoc et des parages méditerranéens ; ses périodes, moins fréquentes et moins durables que celles du vent d'ouest, n'atteignent pas toujours et dépassent rarement la durée d'une semaine. Il est plus chaud, plus sec que le vent d'ouest, peut-être aussi un peu malsain ; il énerve certains tempéraments, leur donne des migraines et des agacements. Parfois, il souffle avec bruit, avec violence ; il brûle les végétaux par l'excès d'évaporation qu'il produit, et il n'est pas toujours sans causer quelque avarie aux arbres et aux habitations. On dit de lui :

> Le vent d'autan
> Passe en chantant.

. . . . . .

Le vent d'ouest au contraire verse la pluie aussitôt que par une saute brusque il succède au vent d'autan, ce qui a fait compléter ainsi le proverbe déjà cité :

> Le vent d'autan
> Passe en chantant,
> Et il revient en pleurant.

Un effet remarquable de la dominance du vent d'ouest se produit chaque année dans les longues vallées ariégeoises qui ouvrent du côté de l'ouest et qui se terminent du côté de l'est par un col élevé, telles que la vallée de Rieuprégon, qui monte de Massat au col de Port, la vallée d'Ascou, qui monte d'Ax au col de Paillères, et plusieurs autres vallées moins importantes pour la circulation. Ce vent, poussant de son souffle presque continu tous les flocons libres des neiges de la vallée, finit par les accumuler au sommet du col et jusque sur le versant opposé en telle quantité qu'il n'est pas rare de voir ces passages fermés pendant plusieurs mois de l'hiver et du printemps. L'on doit déblayer presque chaque année par des tranchées dans la neige la route du col de Port ; et, de mémoire d'homme, les ardeurs du soleil d'été n'ont jamais pu fondre entièrement les névés de la partie orientale du col de Paillères, qui persistent invariablement d'un hiver à l'autre.

La transition de l'un des deux vents principaux au vent opposé s'opère de la manière suivante : quand le vent d'ouest est bien établi par ciel beau ou légèrement couvert et par baromètre élevé, le premier signe de changement est donné, après un certain nombre de jours, par une baisse barométrique qui ira en s'accentuant jusqu'à la pluie ; dès ce moment le ciel devient plus serein ; des cirrus élevés marbrent l'azur du ciel ; ils s'étendent ; ils sont promenés dans les hautes régions par le vent d'est, pendant que le vent d'ouest règne encore sur le sol ; celui-ci diminue de plus en plus en hauteur, l'Autan s'abaisse toujours ; l'on voit parfois les deux vents superposés pousser les nuages dans les deux directions contraires ; enfin la saute se produit ; et le vent souffle de l'est au lieu de souffler de l'ouest, avec beau temps et adoucissement de température. Le beau temps et la descente du baromètre persistent pendant le souffle de l'Autan.

Mais le moment critique n'est pas éloigné. Le baromètre approche de l'extrémité inférieure de sa course ; le
vent d'ouest est apparu de nouveau dans les hauteurs du
ciel ; il charrie des nuages ; il s'abaisse à son tour graduellement, et enfin il reprend brusquement possession de
la région inférieure jusqu'au ras du sol. A ce moment
le baromètre commence à remonter ; le ciel se couvre et la
pluie tombe. Le vent d'ouest persiste avec ondées et éclaircies jusqu'après le relèvement complet du baromètre et le
rétablissement du beau temps.

Ces phénomènes atmosphériques s'opèrent sous l'action
des centres de dépression barométrique qui arrivent de
l'Océan, et qui d'ordinaire abordent l'Europe à la hauteur des Iles Britanniques. Le vent de surface, soufflant
en spirale vers ces centres, est vent d'autan ou de l'est,
tant que la dépression n'a pas franchi le méridien ariégeois, puis vent d'ouest à partir du moment où elle l'a
dépassé. Si la bourrasque n'est pas immédiatement suivie
d'une ou de plusieurs autres, le baromètre continue de
monter avec pluies et éclaircies. Quand il est parvenu à
la partie supérieure de son cours, le beau temps est établi et peut être considéré comme ferme jusqu'à ce que la
prochaine baisse barométrique vienne aviser qu'une
nouvelle série de changements est en préparation.

Luchon (Haute-Garonne). — Résultat de trente années
d'observations.

Température. — La moyenne générale de la température pendant la saison thermale est de 16°, 6.

Juin	16°,0	Août	18°,2
Juillet	17,4	Septembre	14,8

De ces chiffres il résulte que le mois d'août est le plus chaud.

L'amplitude générale de la température, ou l'écart extrême de cette température est de 4° à 36° ; mais ces chiffres sont exceptionnels ; le premier n'a été relevé que 16 fois, dont 2 dans les mois de juin, et 14 dans le mois de septembre ; le second n'a été noté que 6 fois ; encore l'année 1879 possède-t-elle 4 fois ce chiffre à elle seule.

Une élévation brusque et régulière de température se produirait *chaque année* du 24 au 25 juin.

Les extrêmes minima coïncident avec les vents d'ouest, nord, nord-est et nord-ouest ; les extrêmes maxima avec les vents du sud, est, sud-est.

Si nous étendons cette étude de la température à l'année tout entière, nous avons comme moyennes les chiffres suivants, d'après M. Peyroulet (observation de six années) :

ANNÉES	MAXIMA	MINIMA	MOYENNE
1880	18° 6	7° 7	»
1881	18° 4	6° 2	»
1882	17° 6	6° 2	»
1883	18° 0	5° 8	»
1884	17° 9	6° 4	»
1885	17° 7	6° 3	»
Moy. des 6 années	18° 0	6° 4	12° 2

Barométrie. — La moyenne générale de toutes les observations a donné 709^{mm}, 9, c'est-à-dire une pression de 54^m environ moins élevée que celle du bord de la mer.

Les extrêmes minima ont été de 693^{mm}, les extrêmes maxima de 724^{mm}, ce qui fait un écart extrême de 31^{mm}. Les écarts moyens oscillent entre 704^{mm} et 714^{mm} ; l'écart est donc de 10^{mm} environ.

Hygrométrie. — La moyenne de l'hygrométrie à Luchon est de 89° 96. Les extrêmes sont de 11° à 100°, tandis que les écarts moyens sont de 66° à 94°.

Vents. — Les vents les plus fréquents sont les vents d'ouest, du sud-ouest et du nord-ouest. Celui de l'ouest amène presque toujours la pluie, puis vient le sud-ouest et le vent du sud (vent d'Espagne) ; celui-ci accompagne presque toujours les orages, il est sec, chaud, énervant et cause un véritable malaise à tous les habitants.

Pluie. — De 1869 à 1882, il est tombé 296 fois de la pluie la nuit, et 333 fois le jour (saison thermale), ce qui fait en moyenne 24 journées pluvieuses par saison. Les mois de juin sont ceux qui apportent le plus fort contingent, puis viennent septembre, juillet et août. Il pleut rarement toute une journée ; mais, par contre, les averses sont nombreuses. En étendant aux 12 mois de l'année, nous trouverons les chiffres suivants (Peyroulet) :

ANNÉES	PLUIE	NEIGE
1880	67	5
1881	53	8
1882	79	9
1883	93	14
1884	88	12
1885	95	12

Nébulosité. — Sur 366 jours d'observation, pendant la saison thermale de 1872, 1876 et 1880, il y a eu 166 jours où le soleil a été plus ou moins couvert par les nuages, brumes ou brouillards. Juillet d'abord, août ensuite, le premier avec 52 jours de brouillard, le second avec 50 jours, sont les mois qui présentent le plus de journées sereines, puis viennent septembre avec 61 jours, et juin avec 71.

Les brouillards n'apparaissent ordinairement que vers midi, sur les points culminants, et jamais ils ne descendent dans la vallée. Leur hauteur au-dessus de Luchon n'a jamais été moindre que de 80 à 100 mètres (1).

Bagnères-de-Bigorre (Hautes-Pyrénées). — Bagnères est dans une position toute particulière, qui n'est ni la montagne ni la plaine, et qui participe de l'un et de l'autre. La ville s'appuie contre l'extrémité nord d'un contrefort avancé des Pyrénées et qui s'y soude à peu près au centre.

La pression barométrique moyenne est de 714 ; le plus grand écart observé en 24 heures a été de 14^{mm}25 ; le 5 mars 1886, à 7 h. du soir, le baromètre est descendu à 699^{m}5, et le lendemain à 7 h. du soir, il s'est élevé à 713^m,35. Cette baisse extraordinaire accompagnait une forte bourrasque.

Le baromètre descend très rarement au-dessous de 700° et, dans les plus hautes pressions, il ne dépasse guère 720.

(1) D'après le docteur Doit-Lambron, *Congrès d'hydrologie et de climatologie*, 1886, p. 416.

La moyenne annuelle est de 11 d. pour la température; le maximum serait de 36°, juillet 1886, et le minimum 11, 7 janvier 1885.

La moyenne hygrométrique est de 69, ce qui place le climat de Bagnères entre les climats extrêmes, soit secs (60 degrés), soit trop humides (80 degrés).

Les pluies sont très abondantes; et la plus grande partie de l'eau qui tombe à Bagnères provient des pluies torrentielles qui surviennent du 15 avril au 15 juin. Il pleut plus souvent la nuit que le jour, paraît-il.

Il pleut, ou il neige, par année, un nombre de jours qui varie, suivant les observateurs, entre 100 et 160 jours.

Les jours couverts et les jours sereins partagent l'année en deux moitiés à peu près égales.

Les jours de brouillard sont très rares, de deux à cinq par an.

Deux courants aériens se manifestent chaque jour. Le matin, de 4 à 7 heures et demie, le vent souffle de la montagne, c'est-à-dire du sud. De 7 h. et demie à 9 h. et demie, calme complet. Puis jusqu'à 5 h. du soir, brise du nord. A 5 heures, nouveau calme qui se continue jusqu'à 8 heures, après quoi le vent de la montagne recommence à se faire sentir. A 11 heures du soir un nouveau calme se produit jusqu'à 4 h. du matin.

On a caractérisé en ces termes les saisons de Bagnères: hiver court, printemps pluvieux, automne pluvieux.

Eté généralement tempéré; le voisinage de la montagne, l'abondance des eaux, les brises qui parcourent régulièrement la vallée, ont pour effet de modérer les ardeurs du soleil et de rafraîchir l'air chaque jour à certaines heures (1).

Observatoire du Pic du Midi (fig. 56). — L'observatoire du Pic du Midi, à peine achevé depuis quelques années, a été construit par la Société Ramond, grâce aux souscriptions recueillies à cet effet. Aujourd'hui l'observatoire appartient à l'Etat par suite du don gracieux fait par la Société.

Mais le nom de deux hommes courageux restera attaché à cette audacieuse création : ceux de M. le général de Nansouty et de l'ingénieur Vaussenat.

Depuis longtemps, le Pic du Midi avait été signalé comme un point éminemment favorable à l'installation d'un observatoire de montagne ; là effectivement se trouve réunies les conditions suivantes :

1° Il domine de 500 mètres les nuages orageux et 7 fois sur 10, il émerge dans l'azur du ciel quand les vallées inférieures sont inondées par la pluie et sillonnées par la foudre.

2° Les vents et les températures de l'air ne sont influencés par aucune cause terrestre, puisque, depuis l'orientation ouest jusqu'au sud, en passant par le nord, le sommet du pic n'est pas dominé.

3° De l'ouest au sud, les pics dont l'altitude est plus élevée sont situés à 30 kil. environ ; le plus rapproché, le Néouveille, se trouve à une distance horizontale de 15 kil.

4° Cette absence d'influences locales permet de recevoir

(1) D'après le docteur Ganay, in *Congrès d'hydrologie et de climatologie*, 1886, p. 483.

Fig. 56. — Station du Pic du Midi : Vue d'ensemble.

la manifestation des phénomènes météorologiques beaucoup plus exactement et plus rapidement que dans des stations inférieures.

5° Les lignes visuelles de la vigie s'étendent au niveau de la mer sur un horizon de 185 kil. de rayon, et beaucoup plus loin dans les régions montagneuses : c'est ainsi qu'on aperçoit parfaitement les coteaux situés au nord-est d'Albi (Tarn), et le Pic Carlitt dans les Pyrénées-Orientales ; de ce point jusqu'à l'Océan, on a devant soi l'immense et majestueux panorama de la chaîne, au travers de laquelle cinq grandes échancrures permettent à l'œil de fouiller fort loin sur le territoire espagnol. Enfin, dans les claires journées de l'automne, la ligne bleue de l'Océan paraît à l'horizon de Dax au Vieux-Boucaut.

6° Il occupe le centre de trois bassins hydrologiques dans lesquels le régime des cours d'eau est sujet à de violents changements, la Garonne, l'Adour et les Gaves ; cette situation permet de surveiller, avec précision, la direction et la vitesse des orages qui, le plus souvent, se forment au-dessous du sommet.

7° Tout en étant d'une parfaite accessibilité, il est deux fois plus élevé que l'observatoire du Puy-de-Dôme et à l'abri des inconvénients de la zone atmosphérique dans laquelle émerge ce dernier.

8° La limpidité et la transparence de l'atmosphère y permettent avec succès les recherches astronomiques.

9° Bien que situé à 16 kil., à vol d'oiseau, de Bagnères-de-Bigorre, un fil télégraphique d'une plus grande longueur, toujours abordable même en hiver, a été installé entre ces deux stations. Enfin un téléphone

L.CHREU.

Fig. 57. — Station du Pic du Midi : Le laboratoire de MM. Muntz et Aubin.
Dessin de Dosso d'après une photographie.

met en communication les deux stations du Pic et de Bagnères (1).

Les bâtiments (fig. 57) ont été établis avec toutes les précautions possibles, malgré les nombreuses difficultés que présentait une pareille construction.

D'abord le choix de l'emplacement. Ne pouvant soustraire aux touristes l'admirable panorama qui se déroule de la plate-forme du sommet, l'on a dû chercher sur la crête le lieu propice pour s'établir ; d'autre part, cette plate-forme ne présentait pas une surface suffisante , puis elle était souvent foudroyée, ainsi que l'attestent les roches fulgurées qui la constituent. Sur cette crête l'on a excavé à la mine tout l'emplacement nécessaire à l'édifice, soit une longueur de 25 mètres, avec 10 mètres de largeur et 3 à 4 de profondeur moyenne.

A l'extrémité de cette crête inférieure a été établie la plate-forme destinée aux instruments extérieurs de l'observatoire.

L'édifice est solidement construit, et fait corps avec la roche dans laquelle il est encastré. Il est complètement voûté et à l'abri des secousses et vibrations produites par les terribles ouragans qui parfois se déchaînent sur ce sommet.

La partie la plus intéressante de la construction au point de vue de sa préservation, c'est la toiture. Le quadruple problème à résoudre, en dehors de la question de prix et de poids, était de trouver :

1° Un système qui permît par son adhérence de résister

(1) Vaussenat, *Le Pic du Midi*, in *Ann. du C. A. F.*, 1880, p. 509.

à des coups de vent dont la force de propulsion atteint jusqu'à 250 kilog. par mètre carré ;

2° Un système d'imperméabilité suffisante pour ne pas emmagasiner de l'eau qui, avec les gelées, détruirait la matière employée et ferait éclater les voûtes ;

3° Des matériaux pouvant résister dans leur constitution intime et dans leur liaison à des températures variant de + 60°, température de la chaleur emmagasinée en été à — 40° et — 45°, température minima observée en 1874, soit un écart de 100 degrés ;

4° Enfin, des matériaux dont la nature ne peut altérer ni infecter les eaux pluviales destinées à alimenter les citernes.

La solution a été coûteuse mais parfaite : à l'orientation sud, la toiture est constituée par des tuiles vitrifiées très épaisses ; ces tuiles sont noyées à bain de mortier sur l'extrados de la voûte. A l'orientation nord, la toiture est constituée par d'énormes dalles de schistes, agrafées et noyées à bain de mortier.

Enfin, la sécurité dans l'habitation nous a prescrit le placement d'une série de paratonnerres. Afin de les rendre parfaitement sûrs, nous les avons reliés les uns aux autres par un fort câble métallique, et nous avons mis le tout en contact avec le fond du lac d'Oncet par un autre câble de 1,000 mètres de longueur et 0,020 de diamètre. Nous nous mettons enfin préventivement à l'abri des chocs en retour qui pourraient encore se produire, en garnissant tous les pieds des meubles, tables, chaises, lits, avec des godets isolateurs en porcelaine ou en verre. (Vaussenat) (1).

(1) Vaussenat, *op. cit.*, p. 509.

L'observatoire ainsi installé a été dirigé d'abord par le général de Nansouty, puis par M. Vaussenat, que la mort vient d'enlever tout récemment, alors qu'il espérait mener à bonne fin la construction d'une route carrossable, arrivant jusqu'au sommet du pic.

Les registres d'observations ont déjà donné de curieuses constatations; M. Vaussenat préparait une notice sur l'ensemble de ces faits, lorsque la mort est venue l'interrompre brusquement.

Observatoire de Gavarnie. — Cette année même, le Club Alpin français, grâce au don généreux de M. le prince Rolland Bonaparte, a installé un observatoire météorologique à Gavarnie, et, grâce à l'activité, au dévouement de M. Lourdes-Rocheblave, les observations ont été commencées en novembre dernier. Souhaitons que ces deux établissements soient complétés un jour par un observatoire établi sur un des sommets de la grande chaîne. Celui-là aurait surtout pour mission l'étude de phénomènes atmosphériques de l'hiver, et plus particulièrement le régime des neiges. Question encore inconnue dans les Pyrénées, et qu'il est indispensable de connaître pour mener à bonne fin l'étude de ces glaciers. Le Vignemale nous semblerait parfait pour cela, et peut-être un jour quelque généreux ami des sciences nous dotera de cet observatoire désiré.

Pau (Basses-Pyrénées). — La réputation du climat tempéré de Pau a fait de cette charmante ville une station d'hiver qui attire chaque année de nombreux étrangers.

L'ancienne capitale du Béarn possède bien toutes les qualités que demande une station d'hiver ; mais elle se distingue de toutes les autres par cette particularité : le calme de l atmosphère ; et tous les médecins s'accordent à reconnaître que c'est là une des meilleures conditions pour le traitement des maladies de poitrine.

Pau est, en effet, à l'abri du vent du nord, cette cala·mité de Nice et de toutes les stations méditerranéennes, grâce aux collines qui s'étagent derrière elle. Le vent du sud est également détourné par la grande chaîne des Py‍rénées, qui forme au-devant d'elle une haute barrière. Mais cette barrière n'est point une simple muraille, elle forme un triangle au fond duquel se trouve placée la ville de Pau. Cette configuration produit alors une dévia‍tion dans le courant sud, et le rejette de droite et de gau‍che. D'un autre côté, le courant atmosphérique qui con‍tinue sa marche directe est rejeté à une grande hauteur; il passe donc en partie au-dessus de la vallée, et si par une cause quelconque il se recourbe vers la plaine, il a perdu la plus grande partie de sa force, et s'est singulièrement rafraîchi au contact des cimes élevées.

Absence de vent, voilà donc le caractère essentiel de Pau ; mais il n'est pas le seul, et nous devons placer immédiatement à côté la douceur et la régularité de son climat

D'après M. de Valcourt, voici quelles seraient les tem‍pératures moyennes :

Hiver $6^0 \frac{9}{10}$; printemps $14^0 \frac{8}{10}$; été $22^0 \frac{5}{10}$; automne $13^0 \frac{9}{10}$.

Ces chiffres ne peuvent cependant donner une idée exacte, ou du moins suffisante, sur le climat de Pau ; et à

cette donnée il faut ajouter que les variations brusques
de température y sont inconnues, que la marche du thermomètre est d'une régularité remarquable.

La pluie est assez fréquente, comme dans tout le département des Basses-Pyénées : une centaine de jours.

La neige, très fréquente sur les montagnes qui l'entourent, est rare à Pau ; elle se montre pendant 3 ou 4 jours
seulement.

Les gelées blanches et les rosées sont assez fréquentes,
mais le verglas est à peu près inconnu.

Les orages sont presque nuls en hiver, cependant il
arrive quelquefois que le tonnerre se fait entendre,
mais par coups isolés, pendant les grandes bourrasques.

Bayonne (Basses-Pyrénées). — Bayonne, avec la région
dont elle est le centre, participe à ce climat particulier que
sa situation géographique de latitude ne pourrait com-
porter, s'il n'avait des conditions toutes spéciales par
sa position à l'est du grand Océan Atlantique, dont il
reçoit les fraicheurs et l'humidité en été et les influences chaudes dues au courant marin du gulf-stream en
hiver.

C'est donc en tout point un climat éminemment tempéré,
que les tableaux des différentes températures aux diverses saisons de l'année viennent confirmer ; car si, comme
moyenne annuelle, plusieurs régions peuvent offrir des
chiffres à peu près semblables à celui de la région marine
et pyrénéenne de Bayonne, leurs écarts, en hiver comme
en été, sont tels qu'ils offrent à ces époques une exagéra-

tion en plus ou en moins, faisant de leurs climats des climats extrêmes.

L'hiver à Bayonne est particulièrement doux. Le thermomètre y descend rarement au-dessous de zéro, et s'il y descend, marquant parfois 5 à 6 degrés, c'est la nuit seulement avec le rayonnement du ciel, et à ce moment du renouvellement du jour où il se fait partout un refroidissement momentané de l'atmosphère. Il remonte alors, dans ces mêmes journées, à 10 et 12 degrés. Il y a donc rarement de la glace ; et quand elle se forme, le soleil du jour vient vite la fondre. On peut dire que l'hiver ne commence que vers la fin de novembre pour finir en février, marquant des périodes de beau temps et de soleil qui viennent contrebalancer les jours inévitables de frimas.

La neige tombe rarement, et alors c'est pour quelques heures seulement, et les vents chauds du sud et de l'ouest ne tardent pas à la faire fondre sans en laisser trace. C'est plutôt à la fin de l'hiver qu'elle fait son apparition, et alors elle couronne le faîte des montagnes avoisinantes qui se découvrent bien vite, laissant aux Hautes-Pyrénées de se conserver en glaciers jusqu'aux chaleurs de l'été.

Le vent du sud, qui souffle souvent, précédant toujours celui de l'ouest, plus humide, modifie, en hiver, la saison dans ses rigueurs, et il fait croire alors à la venue prématurée du printemps. Aussi en février on le sent déjà quelquefois, le renouveau de la nature se montre partout, grâce à la chaleur de l'atmosphère qui accompagne les premiers chauds rayons du soleil.

C'est alors que le printemps commence, succédant rapidement à l'hiver, pour se manifester avec un éclat qui parfois n'a pas de durée. Il y a alors une interruption dans le développement de la végétation, motivée par des vents salés qui brûlent les premières pousses de certains arbres plus fragiles, et donnent à l'air une impression de fraîcheur d'autant plus sensible qu'on s'en est déshabitué. Mais la nature reprend ses droits : la marche en avant de la végétation, la floraison des arbres et l'épanouissement des fleurs annoncent l'apparition de l'été.

L'été n'est alors que la suite du printemps, se manifestant par des premières chaleurs qui impressionnent parce que l'on n'est pas encore habitué à l'ardeur plus réchauffante du soleil. Mais l'atmosphère, avec une variabilité qui lui est propre, est vite ramenée à un état moyen, et jamais les chaleurs ne sont extrêmes, parce qu'elles sont coupées par la brise, qui de la mer va se croiser dans la montagne, ce qui les rend toujours supportables, même au fort de la saison. Et lorsque, parfois, la température s'élève au-dessus du degré normal, lourde et étouffée, ce n'est pas pour longtemps, car il survient une de ces tourmentes passagères qui se changent en orage et provoquent le retour de la pureté de l'atmosphère.

L'été se prolonge très tard et il se confond souvent avec l'automne. Et comme à cette époque souffle encore généralement le vent du sud qui fait mûrir le maïs, et vient par sa température attiédie contrebalancer l'influence du refroidissement naturel qui s'opère dans la nature, on peut croire à un nouvel été qui n'est pas encore l'été de la Saint-Martin.

Les températures. — Il n'y a donc pas de transition brusque dans la marche des saisons.

La moyenne de l'hiver serait de 8°6, celle du printemps de 11°7, soit pour les six mois 10°,2.

Quant à l'été, la moyenne est de 19°7 et à l'automne de 13°9. Il est des jours où le thermomètre peut monter jusqu'à 30°; mais l'humidité de l'air, la fraîcheur de la brise atténuent bien vite ce que ces chaleurs exceptionnelles pourraient avoir de désagréable pour l'organisme.

Pression barométrique. — La pression barométrique moyenne est généralement assez élevée, et la moyenne de l'année peut être élevée à 762,5.

La pression barométrique subit des variations qui sont surtout sensibles en février. Elles sont des mauvais temps qui passent sur l'océan au delà des côtes, du golfe où les tempêtes du nord viennent le plus souvent s'amortir, à tel point que les mois de janvier et de février, qui dans le nord sont mauvais, sont très souvent beaux à Bayonne. Le mois d'août est aussi à noter dans la baisse de la pression barométrique. A cette époque de la fonte définitive des neiges sur les hautes montagnes, elle est sensible par suite des orages qui se forment au-dessus de la chaîne des Pyrénées, et qui, poussés par le vent du sud, tournant ensuite à l'ouest, vont éclater en plein océan.

Pluie et beau temps. — La moyenne de l'état hygrométrique de l'air est de 0,74 : le climat de Bayonne est donc humide ; mais cette humidité est caractérisée par une variabilité constante.

Les pluies se font sentir avec leurs périodes plus ou moins accentuées, et principalement aux époques de l'équinoxe ou de changement de saison. Quoique les jours de pluie soient nombreux dans le courant de l'année, il est de ces jours où la pluie tombée le matin laisse bientôt le soleil reparaître, car le beau temps succède vite au mauvais, les vents du large chassant les nuages qui vont se décharger au delà.

Vents. — Les principaux vents qui soufflent à Bayonne sont les vents d'ouest et de nord-ouest avec les vents du sud-est. Il semble qu'il y ait entre les vents qui viennent de la mer et ceux de la montagne comme un croisement régulier dû à ce que les courants envoyés du large où ils prennent naissance au milieu de l'océan, trouvant le paravent élevé des Pyrénées, reviennent en contournant, après avoir été arrêtés dans leur course en avant.

Il n'y a pas de régularité sensible dans la marche des vents, et la brise du jour ou de la nuit ne se fait pas sentir avec cette vivacité ordinaire aux contrées méditerranéennes.

C'est au printemps et à l'automne que les vents du sud-est sont le plus persistants ; c'est en hiver, lorsque les tempêtes arrivent du nord, que les vents d'ouest et de nord-ouest se font sentir avec le plus de violence.

Quand la tempête souffle, ce n'est jamais pour longtemps, et il n'est pas de plus belle représentation de la nature que celle qui se montre sur les côtes de l'océan, de l'Adour à la Bidassoa. C'est surtout avec le vent du nord-est, qui laisse paraître le soleil au milieu des nuages entrecoupés, que le spectacle est splendide. Lorsque les vagues amoncelées au fond de l'océan s'avancent comme des montagnes, marchant les unes après les autres, avec leur crête blanchie et venant se briser contre les rochers de Biarritz et de Saint-Jean-de-Luz, cette écume rebondissante, qui s'élève, est à elle seule un véritable tableau qu'on ne se lasse jamais d'admirer (1).

(1) D'après le docteur H. Léon, *Congrès d'hydrologie et de climatologie,* 1886, p. 385.

CHAPITRE IV.

FLORE.

Des diverses régions botaniques dans les Alpes et les Pyrénées. — Des variations dans la distribution des plantes. — Des espèces qui se correspondent dans les Alpes et les Pyrénées. — Herborisations. — Diatomées. — Forêts des Pyrénées.

FLORE DES PYRÉNÉES.

La richesse de la Flore des Pyrénées a souvent attiré les botanistes dans nos montagnes, et longue serait la liste des espèces intéressantes que nous pourrions signaler.

Fort heureusement pour nous, le savant professeur de la Sorbonne, M. Bonnier, a communiqué au Congrès de Paris de l'Association française (septembre 1892) un résumé excellent de ce que l'on sait aujourd'hui de la distribution des espèces pyrénéennes, et il a bien voulu nous autoriser à puiser dans son travail les détails qui suivent.

Les diverses régions botaniques dans les Alpes et dans les Pyrénées. — On a observé la distribution relative de toutes les plantes, et ce sont même souvent les espèces les plus répandues qui fournissent les résultats les plus remarquables. La nature géologique du sol, son exposition, et le climat général de la région, sont partout à considérer.

Il faut d'abord mettre à part la partie des Alpes françaises et les parties des Pyrénées qui sont comprises dans
la région méditerranéenne ou dans la région de l'ouest.
Dans les Alpes, le pin maritime et le pin d'Alep, ainsi
que la culture de l'olivier, caractérisent suffisamment la
région méditerranéenne (1). Il en est de même dans les
Pyrénées Orientales, où on peut la considérer aussi
comme caractérisée par le chêne-liège, qui s'étend jusqu'à
Tardets et Saint-Jean-Pied-de-Port, caractérisée par le
chêne Tauzin (2) ou, plus près de la mer, par le chêne occidental. Une bruyère, le *Daboecia polifolia*, est aussi
presque exclusive à cette région. Ces deux régions mises
à part, le reste de la flore des Pyrénées et des Alpes présente des caractères communs si frappants qu'on ne saurait en déterminer les régions que par les zones d'altitude
relative. Ce sont, d'une manière générale :

1º *La zone inférieure des montagnes*, qu'on a appelée
aussi zone des vallées profondes ou zone des cultures, et
qu'on pourrait appeler le plus souvent zone des chênes.
Le *Quercus robur* y est, en effet, répandu d'une manière
générale. Parmi les arbres, c'est aussi dans cette zone
qu'on trouve l'aulne glutineux, le peuplier noir, le saule
Marsault, le saule blanc et le noisetier, arbres qui ne
dépassent presque jamais la limite inférieure des forêts de
sapins. On peut citer parmi les espèces très répandues,
limitées à cette zone à la fois dans les Alpes et dans les
Pyrénées, les plantes suivantes :

(1) Il faut excepter le petit cantonnement de *Quercus Tozza*, qu'on
trouve aux environs de Montlouis.
(2) Voy. Sauvaigo, *Les cultures sur le littoral de la Méditerranée*
(Bibliothèque des connaissances utiles).

Helleborus fœtidus, Prunus spinosa, Cratægus oxyacantha, Amelanchier vulgaris, Carlina acaulis, Scrofularia canina, Globularia nudicalis, Buxus sempervirens et Melica nebrodensis.

2° *La zone subalpine*, dont le sapin blanc (*Abies pectinata*) est l'arbre commun aux Alpes et aux Pyrénées le plus caractéristique, s'étend au-dessus de la région précédente jusqu'à la base des hauts pâturages alpins. C'est là que dominent le hêtre, le bouleau et le pin sylvestre, ainsi que le sureau à grappes, le sorbier des oiseleurs, le cerisier à grappes et l'orme des montagnes. On ne trouve presque plus de cultures dans cette zone, sauf quelques rares champs de pommes de terre ou d'orge. Parfois la zone subalpine ne peut être déterminée au moyen des arbres précédents lorsqu'elle est occupée exclusivement par des prairies ou par des rochers qui relient, en apparence d'une manière insensible, la zone inférieure à la zone alpine : c'est ce qui se produit souvent sur les versants très abrupts ou sur ceux qui sont exposés au sud. On doit alors avoir recours à d'autres espèces caractéristiques, qui se trouvent aussi dans les forêts de sapins, et parmi lesquelles on peut citer les suivantes :

Aconitum Lycoctonum, Geranium silvaticum, Epilobium spicatum, Spiræa aruncus, Astrantia major, Prenanthes purpurea, Cirsium Monspessulanum, Campanula patula et Veronica urticæfolia.

3° *La zone alpine inférieure*, qui comprend les hauts pâturages des Alpes et qui est ordinairement caractérisée par les rhododendrons (fig. 63) et la variété alpine de ge‑

névrier. On y trouve aussi le nerprun des Alpes, le coto-
neaster et le chèvrefeuille des Alpes.

Tous ces arbustes sont peu élevés, plus ou moins ra-
bougris et souvent aplatis sur le sol. On peut citer en
outre, parmi les très nombreuses plantes caractéristiques
de cette zone, les espèces suivantes, communes aux Alpes
et aux Pyrénées

Anemone alpina, Cardamine resedifolia, Silene acaulis,
Trifolium alpinum, Dryas octopetala, Alchemilla alpina, Saxifraga appositifolia (fig. 58), Homogyne alpina, Vaccinium
uliginosum, Primula farinosa, Pedicularis verticillata, Plan-
tago alpina, Nigritella angustifolia, Juncus trifidus, Carex
sempervirens, Festuca Halleri, Poa alpina et Allosorus crispus.

4° La zone alpine supérieure, qu'on nomme aussi quelquefois zone glaciale et qui s'étend à la base de la région
des neiges perpétuelles, atteint parfois même jusqu'au
sommet des plus hauts pics.

Cette zone est souvent difficile à limiter par rapport à
la précédente : aussi les réunit-on parfois toutes les deux
simplement sous le nom général de zone alpine.

Il n'y a plus d'arbres ni d'arbustes dans cette zone, et
l'espèce qui la caractérise le mieux, à la fois dans les
deux chaînes de montagnes, est le *Ranunculus glacialis*.
On peut citer encore parmi les plantes très répandues
dans cette zone les espèces suivantes :

Draba frigida, Cherleria sedoides, Arenaria ciliata, Arte-
misia mutellina, Erigeron uniflorus, Androsace pubescens,
Gregoria vitaliana, Luzula spicata, Poa laxa et Oroechloa
disticha.

*Des variations dans la distribution des plantes très ré-
pandues.* — Les plantes dominantes, formant pour ainsi
dire le fond de la végétation, peuvent être distribuées
d'une manière différente dans les deux chaînes de montagnes, ou même très répandues dans l'une d'elles, faire
complètement défaut dans l'autre. Dans la région méditerranéenne, le Pin d'Alep, qui existe dans les parties
basses des Alpes-Maritimes, manque totalement dans les
Pyrénées.

Fig. 58. — Saxifraga oppositifolia.

Les plantes caractéristiques de la région occidentale,
telles que le chêne Tauzin et le chêne occidental, si ré-
pandus dans une partie des Basses-Pyrénées, n'existent
pas, au contraire, dans les Alpes. En dehors de ces deux
régions, passons successivement en revue les diverses
zones d'altitude relative que nous avons caractérisées pré-
cédemment. Dans la zone inférieure des montagnes, on
peut tout d'abord signaler le charme, comme une espèce
intéressante par sa distribution. Il est très commun dans
oute la chaîne des Alpes françaises, sauf dans le sud-est.
Dans les Pyrénées, au contraire, le charme est presque
inconnu : on en trouve seulement un certain nombre

localisé aux environs de Foix, de Bagnères-de-Bigorre et
de Saint-Jean-Pied-de-Port.

Le buis, si répandu dans un certain nombre de vallées
des Pyrénées, où il devient même parfois presque exclu-
sif, est au contraire peu répandu dans les Alpes, où on le
trouve rarement en abondance, au nord de Voreppe, par
exemple.

Le *Rumex scutatus*, limité dans la région inférieure
des Pyrénées, où il est extrêmement abondant, a dans
les Alpes françaises une distribution tout autre. On l'y
rencontre abondamment dans la région subalpine, et
souvent même dans la région alpine, comme dans les
Alpes de Savoie.

Les différences sont encore plus grandes dans la distribution des plantes dominantes de la zone subalpine.

Sauf l'*Abies pectinata* et le *Pinus silvestris* (fig. 50), on
peut dire que les forêts de Conifères caractéristiques de la
région des sapins sont constituées par des espèces différentes dans la chaîne des Alpes et dans celle des Pyrénées.

L'épicéa (*Picea excelsa*) est répandu dans toute la
chaîne des Alpes, et c'est cet arbre qui y forme le plus
souvent les forêts de sapins. Il est tellement disséminé
dans toutes les régions des Alpes, qu'on peut dire que la
carte de sa distribution, depuis les Alpes de Nice jusqu'au
lac de Genève, y représente l'étendue de la zone subalpine. Cette espèce si caractéristique fait complètement
défaut dans les Pyrénées. C'est à peine si Lapeyrouse a
pu le comprendre parmi les végétaux pyrénéens, grâce
aux quelques pieds qui ont été rencontrés à la base de la

Maladetta. L'administration forestière a tenté, sans succès par exemple, aux environs de Guchen, d'introduire
l'épicéa dans les forêts des Pyrénées.

Fig. 59. — Pin Laricio.

Remarquons, à ce propos, que le fait général de l'absence de l'épicéa dans les Pyrénées semble fort peu
connu.

Le mélèze (*Larix europæa*), quoique moins répandu que l'épicéa, constitue d'importantes forêts dans les Alpes françaises, surtout dans la partie orientale. Cet arbre manque absolument dans les Pyrénées.

Le pin sylvestre, y compris le *Pinus uncinata*, est répandu presque partout dans les Alpes, et si on ne tient pas compte des endroits où il a été planté, on ne le trouve dans les Pyrénées que dans la partie tout à fait orientale, dans les vallées d'Arreau et de Luchon, et dans la région située au sud de Lourdes. La lutte pour l'existence paraît s'être établie entre cet arbre et les autres d'une manière assez différente dans les deux chaînes. Tandis qu'en Dauphiné on le trouve à l'état spontané, souvent très répandu dans la région inférieure des montagnes, dans les Pyrénées il grimpe, au contraire, très souvent jusque dans la région alpine, bien au-dessus des forêts de sapins, comme aux environs du lac d'Orédon ou encore dans les parties hautes de Moudang et du Rioumayou.

L'if (*Taxus baccata*), cette conifère qui semble actuellement en voie de disparition et dont on n'a guère signalé que quelques pieds isolés dans la partie méridionale des Alpes, constitue encore quelques groupes boisés importants dans les Pyrénées, dans la forêt d'Irati ou encore entre Gavarnie et Panticosa.

Le hêtre est, avec le sapin blanc, l'espèce qui est la plus uniformément répandue dans la zone subalpine des deux chaînes de montagnes. Il ne fait défaut dans les Alpes qu'aux environs d'Aiguilles, de Briançon et de Modane. Dans les Pyrénées, il ne manque qu'au sud de Montlouis, dans un cantonnement où il est exactement remplacé par le chêne Tauzin. C'est là un exemple très net de remplacement d'espèce.

Parmi les espèces herbacées très répandues, on peut de même signaler les quelques exemples qui suivent.

C'est ainsi que le *Meconopsis cambrica*, si répandu dans les endroits humides ou ombreux de la zone subalpine des Pyrénées, et l'*Iris xyphioides*, si fréquent dans beaucoup de prairies pyrénéennes, ou encore le *Ramondia*, dont les rosettes violacées abondent sur les rochers, sont des plantes inconnues dans la flore des Alpes.

Inversement, on peut citer dans les Alpes les *Achillea dentifera* et *macrophylla*, *Hieracium Jacquini*, *Campanula rhomboidalis*, *Gentiana asclepiadea*, et de nombreuses autres plantes subalpines qui n'existent pas dans les Pyrénées.

Dans la partie inférieure de la zone alpine des Pyrénées, certaines plantes remplacent très souvent le rhododen-

Fig. 65. — *Gentiana acaulis*.

dron. Il suffit de voyager une seule fois dans cette chaîne de montagnes pour être frappé par l'aspect de ces immenses étendues de fougère-aigle (*Pteris aquilina*) ou de bruyère (*Calluna vulgaris*) qui couvrent la base de la zone alpine sur de très grandes surfaces au-dessus des derniers sapins.

La fougère-aigle, dans les Alpes, bien loin de s'étendre ainsi dans la région alpine, n'atteint même pas la base de la région subalpine. Lorsqu'elle y est représentée, ses limites sont à peu près celle du chêne. Quant à la bruyère, beaucoup moins fréquente dans les Alpes que dans les Pyrénées, elle ne s'y élève que rarement à de hautes altitudes.

Le rhododendron, qui se trouve ainsi lutter contre ces deux espèces dans les Pyrénées, paraît parfois rejeté à des altitudes relatives moindres, et on l'y trouve souvent en abondance dans les forêts de sapins ; tandis que, dans les Alpes, sauf en certains points de la chaîne du Mont Blanc, cet arbuste délimite ordinairement une sous-zone très nette.

Parmi les espèces herbacées de la région alpine, on peut prendre comme exemple de distribution inégale le *Teucrium pyrenaicum*, rare dans les Alpes et si commun dans les Pyrénées, où il descend jusque dans les vallées profondes ; ou encore l'*Hypeycum nummularium*, commun sur tous les rochers humides de la région alpine inférieure pyrénéenne, et bien moins répandu dans les Alpes, où sa distribution en altitude est différente.

Certaines prairies, ou des rochers de la région alpine pyrénéenne, sont couvertes de très nombreuses espèces de saxifrages, inconnues dans les Alpes (*Saxifraga gera-*

nioides, *S. ascendens*, *S. capitata*, *S. ajugæfolia*, *S. longifolia*, *S. arctioides*, etc., tandis qu'au contraire, bien des espèces du genre *Androsace*, *A. helvetica*, *A. imbricata*, *A. lactea*, *A. obtusifolia*, *A. septentrionalis*, *A. Chaixii*, etc., couvrent de leurs rosettes touffues beaucoup de rochers et de pâturages alpins dans les Alpes, et font défaut dans les Pyrénées.

Des espèces qui se correspondent dans les Alpes et dans les Pyrénées. — Je viens de citer dans les genres *Saxifraga* et *Androsace* les espèces spéciales aux Alpes et les espèces spéciales aux Pyrénées. Certaines de ces plantes peuvent être considérées comme se remplaçant l'une l'autre dans les deux chaînes de monta-

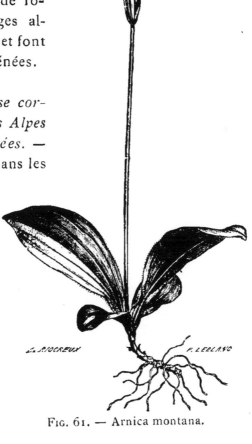

Fig. 61. — Arnica montana.

gnes. En comparant les végétaux voisins qui ont une distribution assez analogue, on peut mettre en regard les plantes des Alpes françaises et celles des Pyrénées qu'on peut regarder comme correspondantes.

ALPES	PYRÉNÉES
Alyssum flexicaule *et* A. halimifolium.	Alyssum Lapeyrousianum *et* A. pyrenaicum.
Viola calcarata.	Viola cornuta.
Geranium aconitifolium *et* G. argenteum.	Geranium pratense *et* G. cinereum.
Vicia silvatica.	Vicia pyrenaica.
Potentilla nitida *et* P. frigida	Potentilla alchemilloides *et* P. pyrenaica.
Eryngium alpinum *et* E. Spina-alba.	Eryngium Bourgati.
Galium helveticum. G. megalospermum, *etc.*	Galium cœspitosum, G. cometerrhizon, *etc.*
Asperula longiflora.	Asperula hirta.
Valeriana tuberosa.	Valeriana globulariæfolia.
Senecio gallicus.	Senecio adonidifolius.
Cirsium spinosissimum.	Carduus carlinoides.
Rhaponticum helemifolium.	Rhaponticum cynaroides.
Gentiana bavarica.	Gentiana pyrenaica.
G. punctata.	G. Burseri.
	Veronica nummularia.
Veronica Allionii.	Veronica Ponæ.
Pedicularis incarnata. P. fasciculata. P. gyroflexa.	Pedicularis pyrenaica. P. comosa.
Rumex arifolius.	Rumex amplexicaulis.
Bulbocodium vernum.	Merendera Bulbocodium.
Fritillaria delphinensis.	Fritillaria pyrenaica.
Lilium croceum.	Lilium pyrenaicum.
Carex pauciflora.	Carex pyrenaica.

A côté de ces espèces correspondantes, on pourrait
mettre en regard un très grand nombre de formes, les unes
des Alpes, les autres des Pyrénées, mais qui ne sont ordinairement considérées que comme des variétés.

Fig. 62. — Leontopodium alpinum.

Il résulte de ce qui précède que la chaîne des Alpes et
la chaîne des Pyrénées présentent à leurs diverses altitudes des conditions de milieu physique actuelles qu'on
peut considérer comme identiques ; mais qu'à côté d'un

grand nombre de plantes qui offrent les mêmes caractères, il s'en trouve un assez grand nombre de différentes. Et, fait plus important encore à noter, les espèces identiques se distribuent souvent, dans chacune des deux chaînes, d'une manière qui n'est pas la même.

Si donc les conditions actuelles du milieu peuvent expliquer les similitudes qu'on observe entre les deux flores, ce ne serait qu'à l'histoire différente de la lutte pour l'existence dans les Alpes et dans les Pyrénées qu'on pourrait attribuer la cause des différences.

La géologie nous apprend que l'origine de la chaîne des Alpes est tout autre que celle de la chaîne des Pyré-nées. Elle nous fait voir aussi qu'à l'époque glaciaire, une communication a dû s'établir pendant longtemps entre les deux chaînes. Les espèces refoulées par les glaces sur le littoral méditerranéen et dans les plaines du sud-ouest, ont dû remonter peu à peu sur ces montagnes corrodées par les érosions glaciaires, se trouvant pla-cées pour la lutte de part et d'autre dans des conditions différentes.

Si l'on consulte les documents paléontologiques, on voit que les formes végétales ont bien peu varié depuis l'époque glaciaire, et que c'est surtout leur distribution qui a été profondément modifiée.

D'après ce qui vient d'être dit, il ne serait donc même pas nécessaire de supposer qu'il s'est créé depuis l'époque glaciaire des espèces pyrénéennes de premier ordre, ou des espèces nouvelles spéciales aux Alpes. Tout en admettant qu'il a pu se produire, depuis cette époque, relativement récente, des changements dans les formes ou les variétés, les conditions dans lesquelles ont dû s'établir les deux

flores suffisent pour faire comprendre comment elles ont
pu se distribuer d'une manière assez différente dans deux
milieux presque identiques.

Parmi les plantes vulgaires que les touristes aiment

FIG. 63. — Rhododendron ferrugineux L.

à ramasser dans les Pyrénées, nous citerons la gentiane
(fig. 60), aux fleurs d'un bleu éclatant ; l'arnica (fig. 61),
dont la réputation comme plante vulnéraire est universelle ; enfin le leontopodium (fig. 62), si fort à la mode
dans les Alpes et rare dans les Pyrénées (cirque de
Gavarnie).

Les Diatomées. — Les diatomées d'eau douce offrent
un caractère de cosmopolitisme très caractérisé, et leur
diffusion est rendue constante par les vents et les pluies.
Leur excessive ténuité permet, en effet, aux tourbillons
atmosphériques de les enlever du sol, lorsqu'elles se sont
desséchées, sous l'action d'une température élevée, et de
les disséminer sur de vastes étendues de terrain. Les
pluies, en lavant ensuite la surface de la terre, les répan-
dent partout et les amènent dans les ruisseaux, les lacs,
les marais, où elles se propagent rapidement.

On a ainsi, à peu près partout, les mêmes espèces. Il
faut cependant ajouter qu'elles exigent pour la plupart
des conditions toutes spéciales pour leur développement :
les unes préfèrent les eaux calcaires, d'autres les eaux
siliceuses ; d'autres encore ne se rencontrent que dans les
eaux chaudes ; beaucoup affectent les eaux froides. Certaines enfin ne se rencontrent qu'en parasites sur les
plantes aquatiques.

Ces petites particularités de l'existence des diatomées,
peuvent nous amener à conclure qu'une catégorie de ces
petites algues est spéciale aux régions de montagnes, où
les différences d'altitude, de chaleur, permettent le développement de beaucoup d'entre elles que l'on ne rencontre pas dans la plaine. Par contre, quelques espèces
de la plaine ne se trouvent pas à des altitudes élevées.
Nous avons fait, dans les Pyrénées, d'abondantes récoltes,
plus abondantes même que celles de la plaine, car on
trouve dans ces régions toutes les conditions qui permettent le développement facile des diatomées : de l'eau
en abondance, et surtout de l'eau courante et froide, qui
est indispensable à certains de ces végétaux microsco-

piques. Nous avons cru devoir donner la nomenclature
des diatomées que nous croyons particulières en quelque sorte à notre région montagneuse; mais nous nous
hâtons d'ajouter que les autres pays de montagnes, les
Alpes, les monts d'Auvergne par exemple, offrent souvent les mêmes formes, étant donnée la similitude des
conditions d'altitude et de climat.

Si nous voulions donner la liste complète des espèces
rencontrées, nous serions conduits à présenter un catalogue un peu trop long : aussi nous nous bornerons à ne
signaler que celles qui sont bien caractérisées quant à
leur station pyrénéenne, en éliminant autant que possible
les types qui se trouvent à la fois dans la montagne et
dans la plaine : nous suivrons l'ordre adopté par M. P.
Petit, dans sa nouvelle classification (1).

1ʳᵉ Tribu. — Achnantées.
Genre Achnantes. — *A. Miuscephalum*, Rtz.

2ᵉ Tribu. — Gomphonemées.
Genre Gomphonema. — *G. Glaciale*, Rtz. — *G. vulgare*,
Rtz. — *G. germinatum*, Ag.

3ᵉ Tribu. — Cymbellées.
G. Cymbella. — *C. Ehrenbeigie*, Rtz.; *C. amphicephala*, Nœg;
 C. Helvetica, W. Sm. ; *C. gracilis*, Rg.; et
 var. *lævis et minuta*.

4ᵉ Tribu. — Naviculées.
G. Navicula. — *N. divergens*, W. Sm. ; *N. acuta*, Rtz.,
 nec W. Sm. ; *N. Heufleri*, Gr. ; *N.
 Amphigomphus*, Ehr.; *N. lævis*, Rtz. ;
 N. firma, Gr. ; *N. scita*, W. Sm. ; *N.
 Pyrenaica*, W. Sm.

(1) Dʳ Pelletan, *les Diatomées*. Paris, 2 vol., 1888-89.

G. Stauroneis. — *S. Cohnii*, Hilse. — *S. platystoma*, Ehr.

Les genres Pleurosigma et Amphipleura ne présentent pas de formes particulières aux Pyrénées.

6e Tribu. — Nitzchiées :

G. Nitzchia. — *N. vitrea*, Norm. ; *N. subtilis*, Gr.

La *Surirella crumena*, Breb. ; la *Stamisica construens*, Gr. ; les *synedra fontinalis*, W. Sm. ; et *Vaucheriæ*, Rtz. ; *synedra acuta*, Ehr. ; *lunaris*, Ehr. ; et *biceps*, W. Sm., sont les seuls représentants de formes propres à la montagne appartenant à plusieurs genres et aux 7e et 8e tribus.

La 9e tribu, les *Eunotrées*, et le genre *Eunotia* nous fournissent l'*E. tridentula*, Ehr., et l'*E. polyordon*, Ehr. Le genre Ilimantidium : l'*Il. areus*, Ehr. ; les *Il. pectinale*, Rtz ; *gracile*, Ehr.; *soleirolei*, Rtz., et *bidens*, W. Sm.

Nous arrivons ainsi à la 2e sous-famille et à la 10e tribu, les Fragillariées.

On peut signaler parmi les plus intéressantes :

La *diatoma hyemale*, Lynb., et sa var. *Merodon*, le *denticula elegans*, Rtz.; les *fragillaria virescens*, Ralph., et *nitzchioïdes*, Gr., et pour terminer, dans la 23e tribu, les Gaillonellées, les *gaillonnella arenaria*, Ehr. ; *distans*, Ehr. ; *orichalcea*, Mertens, et *spinosa*, Grev. Dans le genre Cyclotella, les G. *operculata*, Ag., et *caneta*, Ehr.

Telle est, réduite à sa plus simple expression, la liste des diatomées particulières à nos montagnes. Il est regrettable que, comme en Auvergne, l'on n'ait pas rencontré des dépôts fossiles diatomifères dans les Pyrénées, car leur étude fournirait des matériaux abondants pour augmenter la richesse de notre florule microscopique.

A l'heure actuelle, nous possédons environ trois cents espèces de variétés bien déterminées, et surtout bien caractérisées. Il est incontestable que l'on n'a pas tout trouvé absolument, quoiqu'il soit difficile de rencontrer d'autres formes que celles que nous avons signalées (1).

Tout en faisant de nouvelles recherches, il serait à désirer que les diatomistes s'attachassent aujourd'hui plus spécialement à l'étude de la physiologie des diatomées, qui présente encore bien des problèmes à élucider. (Comère)

FORÊTS DES PYRÉNEES.

Nous avons déjà indiqué, au commencement de ce chapitre, quelles étaient les essences forestières que l'on rencontrait dans les Pyrénées ; il nous reste à indiquer quelle est l'importance des forêts du versant nord de la chaîne. Grâce aux notes très précises que M. de Gorse, conservateur des forêts à Pau, a eu l'obligeance de nous communiquer, nous pourrons donner quelques chiffres qui suffiront à caractériser les forêts pyrénéennes au point de vue de leur importance.

Les six départements sur lesquels s'étend la chaîne des Pyrénées embrassent une superficie totale de 3,377,254 hectares, dont la zone montagneuse occupe 1,276,029 hectares. L'étendue des terrains boisés ou censés boisés dans cette dernière région est de 408,237 hectares qui se distribue de la façon suivante :

A l'Etat. . . . . 130.499 h.
Aux communes et établissements publics. . 162,667
Aux particuliers. 115,071
                             408,237

(1) I. Comère, *Diatomées du Sud-Ouest*, Paris, 1892.

Au point de vue du régime auquel elles sont soumises, les forêts de la région pyrénéenne comprennent 120,482 hectares de taillis et 212,140 hectares de futaies. Le reste, soit 65,615 hectares, représente les vacants domaniaux de l'Ariège et du Roussillon.

Abstraction faite de ces vacants qui sont absolument improductifs, on exploite, chaque année, un volume de 340,000 meules de bois d'œuvre ou de chauffage, d'une valeur approximative de 2,000,000 de francs.

Les bois de feu, fournis par le hêtre principalement, sont consommés sur place.

Cette essence, qui alimente dans d'autres régions les industries si diverses qui vivent de la fabrication des ouvrages dits de *raclerie*, n'est guère utilisée dans les Pyrénées que pour le *sabotage*. Dans ces derniers temps, le hêtre commence à être recherché pour les traverses de chemins de fer.

Les bois d'œuvre sont presque exclusivement fournis par le sapin et le pin. Très recherché autrefois, le sapin est aujourd'hui fort discrédité et lutte difficilement contre les bois du Nord.

Les produits secondaires, presque entièrement fournis par la valeur du pâturage, ne peuvent pas être estimés à moins de 1,200,000 francs.

C'est donc à la somme annuelle de 3,200,000 francs que s'élève le produit annuel moyen des forêts des Pyrénées, soit à peu près à 10 fr. par hectare.

C'est peu sans doute ; mais on n'ignore pas que l'intérêt qui s'attache à la conservation et à l'amélioration des fo rêts de montagnes ne se mesure pas uniquement aux revenus qu'elles donnent ; et c'est aux forêts seules qu'il

faut demander d'arrêter les terribles inondations qui dé-
vastent trop souvent les plaines inférieures.

Malheureusement le déboisement a été pratiqué sur
une vaste échelle dans toute l'étendue de la région pyrénéenne, les populations ne veulent que des pâturages, et
trop souvent l'incendie est venu anéantir d'énormes surfaces de forêts.

L'administration forestière lutte avec énergie, et
maintenant elle commence à imposer un peu partout le
reboisement. Les essais déjà tentés ont donné les meilleurs résultats, et tout fait espérer que ce manteau de
verdure qui absorbait les eaux sauvages de la montagne
reparaîtra partout et empêchera dans l'avenir des inondations terribles.

CHAPITRE V.

FAUNE

Mammifères. — Oiseaux. — Reptiles. — Poissons. — Insectes.

La faune pyrénéenne, comme toutes les faunes des montagnes méridionales, comprend à la fois des espèces méridionales et des espèces du Nord ; quelques-unes paraissent lui appartenir en propre et ne se retrouvent pas ailleurs.

Nous ne chercherons pas à énumérer toutes les espèces que l'on peut rencontrer dans les montagnes, et nous nous contenterons de signaler celles qui peuvent présenter des caractères intéressants.

MAMMIFÈRES.

Les chauves-souris ne sont pas, à proprement parler, des animaux de montagne, et, malgré toute mon attention, je n'ai pu constater leur présence dans les hautes régions. Lorsque, au contraire, l'on explore les grottes des vallées, les chauves-souris se rencontrent par milliers, et les espèces sont également nombreuses. Dans certaines cavernes de l'Ariège, au Mas-d'Azil, à Lherm, à Bédeilhac, les déjections accumulées par ces animaux forment des dépôts énormes, et les montagnards n'ont pu encore épuiser ces puissants approvisionnements d'engrais.

Il est assez ordinaire de trouver réunies dans la même

station trois et quatre espèces différentes : ainsi, dans la grotte du Mas-d'Azil, il est très facile, pendant les froids de l'hiver, de faire une abondante récolte de rhinolophes, d'oreillards et de vespertilions. Ces espèces si différentes s'accrochent pêle-mêle dans les excavations du plafond de la grotte, dans les points à l'abri de toute infiltration, points que l'on a quelquefois baptisés : *les cloches.*

Les espèces les plus intéressantes à citer sont :

Le *Rhinolophe grand fer-à-cheval,* qui est surtout une espèce méditerranéenne. M. Companyo la dit très abondante dans les souterrains de l'ancienne forteresse de Salces.

Le *petit fer-à-cheval* se rencontre, de loin en loin, dans la grotte de Lherm, au Mas-d'Azil ; il est toujours rare, et suspendu seul et isolé dans les recoins les plus éloignés.

M. Companyo cite encore comme habitant les Pyrénées-Orientales les

Vespertilio emarginatus (Geoffroy), *V. noctula* (Daubenton), *V. barbastellus* (Daubenton).

La *musaraigne carrelet* est brun cannelle en dessus, grisâtre en dessous ; incisives inférieures noirâtres ; queue plus grosse et plus longue que chez l'*Araneus.* Je n'ai rencontré cette espèce qu'une fois dans les prairies de la vallée du Touch (Haute-Garonne).

La *musaraigne rayée* est regardée par beaucoup d'auteurs comme une simple variété de la *musaraigne musette ;* se reconnaît facilement à une bande blanche qui va du front aux narines : elle a été indiquée par le Dr Companyo dans les prairies humides de Collioure.

Je n'ai rencontré la *musaraigne des Alpes* qu'une seule

fois au Plan des Estangs (massif de la Maladetta). Elle est
d'un gris uniforme et de la taille de la *musaraigne d'eau.*

FIG. 64 — Ours des Pyrénées.

Voici la diagnose de cette espèce : *S. unicolor schistaceo
murinus, cauda longa supra nigricante, infra albida.*

La *musaraigne de Daubenton* varie beaucoup de couleur ; le plus ordinairement, les sujets pris dans les vallées
sont plus foncés que ceux qui proviennent des régions
plus élevées.

Le *desman* diffère des musaraignes, avec lesquelles il a
été d'abord confondu, par l'existence de membranes qui
unissent les doigts du pied et de la main, et par la présence d'une glande sous-caudale qui sécrète une matière
odorante musquée. Son pelage est brun foncé sur les parties supérieures, blanc au-dessous. Son nez, terminé par
une trompe mobile, est d'un noir profond.

C'est l'espèce la plus intéressante de la famille des
insectivores et peut-être même de tous les mammifères des
Pyrénées ; il est en effet bien singulier que cet animal si
remarquable soit resté inconnu aux naturalistes jusqu'en
1825, époque à laquelle M. Rouais, de Tarbes, le signalait à Geoffroy ; presqu'à la même époque, il était reconnu
à Saint-Laurens de Cerdans par le Dr Companyo.

Cette curieuse espèce a été l'objet de notre part d'un
travail assez étendu (1), auquel nous renverrons le lec-
teur.

La *taupe* est, de tous les insectivores, l'espèce qui s'é-
lève le plus haut dans la montagne ; elle se trouve au
pied même des glaciers, et nous l'avons rencontrée en
abondance sur le plateau de Peña-Blanca et dans toutes
es hautes vallées qui entourent la Maladetta, Malibierne,
Plan des Aigouillats, lac de Paderne, etc., etc.

Une variété connue sous le nom de *taupe d'Alais* se
rencontre quelquefois dans les vallées élevées ; je ne sais

(1) E. Trutat, *Le Desman des Pyrénées*.

trop encore quelle valeur l'on peut accorder à cette espèce dont le caractère consiste uniquement dans la couleur qui est uniformément d'un jaune nankin.

L'*ours des Pyrénées* (fig. 64), que bien des auteurs veulent élever au rang d'espèce sous le nom d'ours des Asturies, n'est cependant qu'une simple variété de l'ours brun, *Ursus arctos* (Linn.).

D'après Schinz, voici les diagnoses qu'il convient d'appliquer à l'espèce type et à la variété des Pyrénées :

Ursus arctos : *U. fronte supra oculos convexa, rostro abrupto alternato ; plantis podariorum, mediocribus, vellere fusco vel nigro.*

Ursus Pyrenaicus : *Vellere flavicante ; pilis apice flavidis, cæterum fuscis, capite saturatius flavido ; pedibus nigris.*

En résumé, les caractères de l'ours des Pyrénées ne résident que dans la coloration du pelage, et, d'après nos observations, cette coloration varie extrêmement ; elle peut aller du marron foncé au fauve clair, presque isabelle.

Le seul caractère que nous n'avons jamais vu manquer est la coloration des pieds, *pedibus nigris*, ainsi que la couleur de la jarre du pelage qui est toujours *noire* chez les ours des Pyrénées, passant quelquefois au gris, tandis qu'elle est toujours plus ou moins brune chez les ours du Nord ou de l'Allemagne.

L'ours devient de plus en plus rare ; sa peau, sa graisse, sa chair atteignent une valeur considérable ; aussi les montagnards lui font-ils une guerre acharnée ; en été, il est de toute impossibilité de le chasser régulièrement, et c'est pendant les neiges que les *traques* s'organisent :

partie de chasse assez dangereuse, non pas que l'ours soit un dangereux gibier, mais par l'inadvertance des chasseurs qui tirent souvent à tort et à travers et blessent plutôt leurs voisins que l'ours qu'ils attendent.

La chasse à l'ours s'est longtemps pratiquée dans les montagnes de l'Ariège par les habitants du petit village d'Ustou ; c'était chez eux une véritable spécialité, et presque chaque famille avait son ours dressé avec lequel se faisait en été la tournée des stations thermales.

L'un de ces montagnards s'était acquis une juste réputation de force et de courage par ses exploits : il partait seul à la recherche de son adversaire, simplement armé d'un énorme coutelas, mais le dos et la tête cuirassés par une triple épaisseur de cuir de bœuf; l'ours trouvé, il cherchait à lui couper la route et le forçait à se dresser sur ses pattes de derrière ; il fondait alors sur lui, s'étendait par terre, et pendant que l'ours s'acharnait sur sa cuirasse, il lui ouvrait le ventre avec son coutelas. Je ne sais le nombre de victimes ainsi éventrées, mais il était considérable. Aujourd'hui pareille chasse est devenue impossible, et, d'un autre côté, je ne sais si le chasseur d'Ustou trouverait beaucoup d'imitateurs.

La *genette* est beaucoup plus abondante sur le versant sud des Pyrénées que sur le versant nord ; en Espagne, elle fait l'objet d'un commerce important.

Le *loup* devient extrêmement rare dans les Pyrénées, et bientôt cette espèce sera complètement éteinte, grâce à la chasse à la strychnine. Le loup et le renard sont, en effet, les deux espèces qui se prennent le plus souvent aux boulettes empoisonnées.

Cependant, les grandes forêts de la vallée supérieure

de l'Aude abritent encore des loups ; et ceux-ci sont surtout remarquables par leur grande taille et leur pelage
clair.

Il ne nous est pas possible de passer sous silence le
chien des Pyrénées (fig. 65), cette magnifique espèce, que

FIG. 65. — Pastoure, chienne des Pyrénées.
Dessin de M. Pertus, d'après une photographie de M. Couturier.

tous les touristes admirent dans nos montagnes. Elle est
de haute taille, admirablement musclée ; la tête large et
forte, les yeux intelligents ; les oreilles ordinairement
tombantes ; les pattes larges et palmées ; le fond du pelage
est toujours le blanc, et sur celui-ci se détachent de larges
taches noires ou jaunes.

Le *lynx* est presque complètement détruit dans les

Pyrénées ; je ne connais que trois sujets provenant bien réellement de la région : l'un tué dans la forêt de Paderne (Maladetta), les deux autres cités par le Dr Companyo et provenant tous deux des Pyrénées-Orientales, de la forêt de Formiguières et de Salvanère.

La *marte* fournit la fourrure la plus estimée de nos pelletiers, mais elle est aussi l'espèce la plus rare que recherchent nos chasseurs de fourrures (1). Elle vit isolée dans les grands bois de sapin, et se prend au piège, pendant les temps de neige. Cette espèce est assez facile à confondre avec la fouine ; mais, ainsi que l'indique le Dr Companyo : « La marte se distingue de la fouine par la finesse de son poil et particulièrement par la tache jaune qu'elle porte sous la gorge, et par les poils qui garnissent la plante de ses pieds. »

L'*hermine* est rare partout, et variant énormément de taille ; en hiver elle devient d'un blanc éclatant.

L'*écureuil alpin* est toujours brun très foncé, et les *jeunes* portent des tiquetures jaune sale sur les parties supérieures du corps ; le ventre est d'un blanc pur, la face interne des bras et des jambes grise, la queue noirâtre ; enfin une bande fauve sépare les parties supérieures de la face ventrale, caractères que Schinz indique de la façon suivante :

Dorso saturate fusco castaneo, cauda nigra, ventre gulaque pure albis, colli lateribus extremitatibus fulvo rufis, fascia fulva colorem album ventris fusco dorsi separante, auriculis hieme barbatis.

---

(1) Voy. Lacroix-Danliard, *Le Poil des animaux et les fourrures. Histoire naturelle et industrie*, 1892. (Bibliothèque des connaissances utiles). Paris, J.-B. Baillière.

Le *campagnol de Savi* est une espèce très voisine du

Fig. 66. — Campagnols des neiges.

campagnol des champs et qu'il est facile de confondre ;
le campagnol de Savi a les oreilles *peu velues* et plus

courtes que les poils qui les entourent; gris brun en dessus, dessous cendré; queue brune en dessus, blanche en dessous ; pieds cendré clair ; sa diagnose serait :

A. magnitudine arv. arvalis, auriculis absconditis, cauda tertiâ parte corporis breviore. Corpore supra fucescente, subtus albescente.

Le campagnol de Savi est toujours rare ; nous l'avons rencontré à Montréjeau et à Portet.

Le *campagnol fauve* est de même taille que le précédent, dont il se distingue surtout par ses pieds blancs il paraît propre aux Pyrénées-Orientales, où il habite les prairies humides au bord de la mer. (Dr Companyo.

Je n'ai eu l'occasion de rencontrer le *campagnol des neiges* (fig. 66) qu'une seule fois à la Rencluse (Maladetta).

Le *campagnol montagnard* s'empare souvent des *taupinières*, en chasse les laborieux ouvriers et passe l'hiver dans ces retraites commodes et sûres. Il est quelquefois très abondant. — Luchon. La Barousse.

Le *rat noir* est encore seul dans les Pyrénées ; c'est lui que l'on prend dans tous les villages ; dans les grandes villes il devient rare.

Le *rat d'Alexandrie*. originaire de l'Egypte, s'est naturalisé dans les plaines du Roussillon.

Le *sanglier* n'habite guère les régions élevées, et ce n'est que dans quelques basses forêts des Hautes et des Basses-Pyrénées, et dans les Albères et les Corbières du Roussillon que l'on signale encore quelques sujets.

L'*isard des Pyrénées* (fig. 67) que les naturalistes séparent quelquefois du chamois des Alpes, n'est, à proprement parler, qu'une variété à caractères constants de la grande espèce européenne qui habite les grandes chaînes de

Fig. 67. — Isard.

montagnes de notre continent. Mais cette question est encore assez obscure, et je suis heureux de pouvoir donner à ce sujet l'opinion de l'un de nos plus éminents anatomistes, de M. Rutimeyer. Voici textuellement ce que m'écrivait le savant professeur :

« L'isard adulte n'atteint pas la grandeur moyenne du chamois. Le crâne et la dentition accusent un animal plus petit, plus svelte, moins robuste ; les cornes sont plus fines, plus effilées, mais pas moins longues (les noyaux des cornes sont même plus longs que chez le chamois) et plus rapprochées de la ligne médiane du crâne, pendant qu'elles sont très sensiblement plus séparées entre elles chez le chamois, ce qui frappe à première vue.

« La dentition est plus fine, je dirai même plus élégante. Les dents mâchelières d'en haut et d'en bas sont étroites, plus comprimées, moins fortes et, ce qui est plus important, moins longues en sens vertical que dans le même âge du chamois. En ce sens elles restent sous l'état de dents de moindre âge du chamois.

« Je ne puis découvrir de différence dans la boîte crânienne ; mais pour la face il y en a de très sensibles. En première ligne, la face de l'isard est plus courte, moins haute, plus effilée en sens vertical, mais plus large, surtout dans la partie nasale et prédentale (ouverture du nez avec la partie intermaxillaire et la partie prédentale des mâchoires).

« Os nasaux plus courts, plus plats.

« Tous ces caractères de la face du crâne correspondent à un âge moins avancé du chamois : ils constituent un arrêt de développement très prononcé.

« La différence la plus sensible dans la face consiste dans la forme du lacrymal. Cet os est plus étendu dans la face chez l'isard que dans le chamois, plus haut et plus long, de sorte qu'il recouvre le nasal sur une partie plus étendue et qu'il ferme absolument la lacune ethmoïdale qui ne se ferme que très tard et souvent jamais chez le chamois. Ce qui ajoute à exagérer cette différence, c'est la position sensiblement moins haute dans l'isard que dans le chamois de la crête massétérine. Sa facette massétérine est donc moins haute chez l'isard, ce qui correspond à la moindre hauteur des molaires, mais la crête massétérine est néanmoins plus prononcée chez l'isard.

« La face palatine est plus large et plus courte dans sa partie intermaxillaire chez l'isard.

« Tous ces caractères accusent, sans aucun doute, un arrêt de développement chez l'isard comparé avec le chamois.

« L'isard présente dans son âge adulte un âge moins avancé, ou, si vous le voulez, ce qui revient au même, un type féminin du chamois.

« Cependant deux choses accusent en même temps une différence importante chez l'isard : c'est la grande étendue, surtout en longueur, du lacrymal et la position plus médiane des cornes.

« En somme, l'isard représente un chamois juvénile avec des tendances vers une différence dont le chamois ne laisse rien apercevoir. *Je le considère donc comme un chamois réduit avec quelques caractères nouvellement acquis ; en langue systématique, on pourrait lui donner le nom d'une bonne variété du chamois des Alpes.* »

Je ferai observer que toutes ces remarques ne s'appliquent qu'à la *tête*, seule partie étudiée par M. Rutimeyer. J'ajouterai aux caractères si savamment décrits plus haut, que le trait qui différencie à première vue l'isard du chamois, est la position des cornes ; rapprochées chez l'isard, écartées chez le chamois en même temps que plus courtes ; les membres moins robustes chez l'isard, mais le pied au moins aussi trapu que chez le chamois. Enfin les parties du pelage noires chez le chamois sont plutôt grises chez l'isard.

Cette espèce tend rapidement à disparaître ; les sommets les plus élevés en conservent encore quelques troupeaux, mais les chasseurs ne leur laissent ni trêve ni merci. Dans les Pyrénées espagnoles cependant, les bandes sont assez nombreuses et elles ne paraissent pas diminuer encore.

Le *bouquetin*, que les Espagnols appellent *herx*, du latin *hircus*, ne se trouve plus maintenant que sur les flancs déserts de la Maladetta et du Mont-Perdu. Cette magnifique espèce est devenue d'une rareté telle qu'il se passe bien des années sans qu'aucune capture soit signalée.

Il existe en Europe trois espèces de bouquetin : celui des Alpes, celui des Pyrénées et celui de la Sierra-Nevada ; les deux espèces pyrénéenne et alpine sont extrêmement voisines par le pelage, et seule l'espèce de l'Espagne en diffère totalement ; mais le noyau osseux des cornes, la forme même de l'enveloppe cornée donnent de bons caractères pour séparer les deux espèces voisines.

Voici encore, d'après M. Rutimeyer, les différences les plus saillantes de cette partie importante du squelette:

« L'ibex des Alpes a le noyau osseux des cornes à coupe

triangulaire, avec une large face antérieure, tandis qu'elle
est cylindrique chez les deux espèces d'Espagne.

« La direction des cornes chez l'ibex des Alpes est simplement courbée, et les cornes ont de fortes proéminen-
ces distancées sur la crête antéro-intérieure, pendant que
dans les deux espèces d'Espagne les cornes sont en spirale, avec noyau cylindrique et avec des anneaux presque
circulaires autour de la gaine cornée.

« L'ibex des Pyrénées a enfin une face concave très prononcée du côté interne des gaines cornées, tandis que
chez celui de la Sierra-Nevada cette face est effacée ; elle
se rapproche très sensiblement de l'ibex du Caucase, où
les cornes et leurs gaines sont parfaitement cylindri-
ques. »

Le *cheval* primitif des Pyrénées nous est presque inconnu, car les mélanges de races se sont effectués de très
bonne heure, grâce aux invasions qui ont amené dans les
Pyrénées des peuples envahisseurs montés sur des chevaux. Le sang arabe s'est par là acclimaté depuis des
siècles dans les Pyrénées, et la race de Tarbes (fig. 68) n'est
que le résultat de l'introduction d'étalons africains. Les
Hautes et les Basses-Pyrénées sont les principaux centres
de production des chevaux bigourdans, mais on en trouve
aussi dans le Gers. Les plus beaux viennent des plaines
de Tarbes, des environs de Bagnères, de Lourdes, de Vic,
de la vallée d'Argelès (1). L'élevage du cheval de cava-
lerie légère est devenu une industrie florissante dans la
riche plaine de Tarbes.

(1) Voy. Eug. Alix, *Le cheval, extérieur, structure, fonctions, races.*
Paris, 1886, p. 610.

OISEAUX.

Les oiseaux, plus encore que les mammifères, réunissent des espèces méridionales à d'autres des régions du Nord ; mais il est difficile de distinguer une faune ornithologique dans une région restreinte, et les migrations viennent souvent réunir des espèces originaires de contrées bien éloignées.

Dans les Pyrénées, l'on pourra donc trouver à peu près toutes les espèces de l'Europe centrale et un certain nombre d'espèces africaines ou tout au moins espagnoles.

Nous nous contenterons de citer quelques-unes des espèces les plus intéressantes :

Le *vautour fauve* est commun dans toutes les Pyrénées, et à côté de lui l'on rencontre, mais plus rarement, le *vautour moine* ; tout au contraire, cette dernière espèce prédomine dans les gorges du plateau central : Tarn et Aveyron.

Le *gypaète barbu* habite surtout le versant espagnol ; il ne vient que rarement dans les montagnes françaises ; cependant, dans les Pyrénées-Orientales, il n'est pas rare.

L'*aigle fauve* est assez commun partout, tandis que l'*aigle impérial* ne se voit que de loin en loin.

L'*aigle criard* habite les grandes forêts de hêtres des hautes vallées de l'Ariège et de l'Aude.

L'*aigle de Bonelli* est plutôt une espèce africaine égarée, cependant elle niche dans la forêt de la Grésigne.

L'*aigle botté*, le *pygargue*, le *balbuzard* sont tous espèces de passage.

Le *Jean-le-Blanc*, au contraire, habite les forêts de hêtres de l'Ariège.

Fig. 68. — Cheval des Pyrénées.

La *buse pattue* et la *bondrée* n'apparaissent que de loin en loin.

Le *milan* niche dans les parties élevées des hautes vallées, et descend en hiver dans la plaine, surtout dans les régions marécageuses (environs de Bayonne).

Parmi les faucons, je citerai quelques rares espèces tuées dans la région : le *faucon pèlerinoïde*, le *faucon Kobez*, le *faucon cresserellette*.

L'*autour* semble habiter communément les grandes forêts des parties moyennes de la montagne.

La *hulotte* est rare, mais a été tuée un peu partout.

La *chouette méridionale*, qui n'est probablement qu'une variété de la chevêche, nous vient quelquefois d'Espagne, entraînée par les bourrasques.

La *chouette de Tengmalm* a été trouvée plusieurs fois dans les forêts de sapins des environs de Luchon.

La *pie-grièche méridionale* vient nicher dans les peupliers qui bordent les rivières, mais elle est toujours rare, et souvent en compagnie de la *pie-grièche d'Italie*.

L'*hirondelle de rocher* arrive dans le courant de mars et gagne aussitôt les rochers de la haute montagne.

Le *martinet des Alpes* habite les mêmes localités que l'espèce précédente ; il est remarquable par sa grande taille.

Le *grand corbeau* ne se rencontre que par paires isolées, mais cette espèce monte jusque vers les sommets les plus élevés (port de Vénasque).

Le *chocard alpin* et le *grave ordinaire* ou *coracias* habitent également la haute chaîne, mais ils sont rares partout.

Le *casse-noix* se rencontre dans les parties les plus isolées des forêts de hêtres.

Le *martin-roselin* est une espèce de passage que nos chasseurs abattent de loin en loin.

Le *cincle-plongeur* se rencontre dans tous les cours

FIG. 69. — Le cincle plongeur.

d'eau de la montagne (fig. 69); il monte jusqu'à 2,000 mètres; accidentellement seulement il descend dans les plaines, à l'époque des grands froids.

Le *merle de roche*, le *merle bleu* affectionnent surtout les grands éboulis de la haute chaîne. L'Ariège, l'Aude, les Pyrénées-Orientales sont plus particulièrement fréquentées par ces deux belles espèces.

La *gorge-bleue* est de passage dans nos plaines en automne et au printemps ; elle affectionne surtout les oseraies. Quelques rares sujets de la *rubiette suédoise* se mêlent à l'espèce précédente.

L'*accenteur alpin* n'est pas rare dans les hauts sommets, et je l'ai tué maintes fois au Pic-de-Céciré, près Luchon.

La *mésange noire*, rarissime dans la plaine, se trouve de loin en loin dans les sapinières élevées, en compagnie de la *mésange huppée*.

Le *pipi-spioncelle* habite les pâturages les plus élevés de la montagne, et j'ai eu l'occasion de le rencontrer dans toutes les régions élevées ; c'est peut-être l'espèce de passereaux qui monte le plus haut.

L'*alouette-calandre* est de passage très accidentel dans la région.

Le *bouvreuil* et le *serin méridional* se réfugient pendant les chaleurs de l'été dans les forêts élevées, ils descendent au contraire dans les vallées à l'entrée de l'automne.

Le *moineau espagnol* se trouve parfois mêlé au moineau ordinaire, sans qu'il soit possible de dire que c'est un cas de migration régulière ou un pur accident.

Le *soulcie* niche dans la haute montagne et descend plus bas, en hiver, sans s'aventurer trop avant dans les grandes plaines.

La *niverolle des neiges* est une des plus jolies espèces que l'on rencontre dans les glaciers ; on la rencontre ordinairement en petites bandes.

Le *venturon des Alpes* émigre également dans les plaines basses pendant l'hiver.

Le *zi\erin boréal* a été observé de loin en loin pendant les hivers rigoureux (1870).

FIG. 70. — Tetras lagopède (perdrix blanche.)

Le *zi\erin-cabaret* passe, au contraire, régulièrement en automne.

Le *plectrophane des neiges* n'a été observé que pendant les hivers les plus rigoureux.

La *sitelle-torchepot* ne quitte guère les forêts de la partie moyenne de la montagne.

Le *tichodrome-échelette* est l'espèce que j'ai rencontrée le plus haut : à la Maladetta, au Pic de Crabioules, au port d'Oo ; elle aime surtout les rochers coupés à pic, et elle laisse souvent approcher le touriste à quelques pas : c'est ainsi que mon guide a réussi un jour à tuer un superbe mâle d'un coup de bâton ferré.

Le *pic-noir*, toujours rare, ne quitte jamais les forêts les plus sombres de la haute chaîne.

La *huppe* arrive en mars ; quelques couples nichent dans la région, mais c'est là un fait accidentel.

Le *rollier* et le *guêpier* apparaissent de loin en loin par petites bandes.

Le *lagopède alpin*, ou perdrix blanche (fig. 70), est assez commune dans toutes les parties élevées de la chaîne, habitant de préférence les pentes couvertes de débris rocheux, les moraines des glaciers. Pendant l'hiver, il descend assez bas dans la montagne, mais jamais il n'a été vu dans la plaine.

Le *grand coq de bruyère* (*tetrao urogallus*) ne quitte jamais les forêts de sapins ; grâce à une chasse incessante, cette belle espèce devient rare maintenant.

La *gélinotte* est encore plus rare que l'espèce précédente et elle tend à disparaître rapidement.

La *bartavelle* ne se rencontre qu'accidentellement ; elle n'est pas sédentaire dans la région.

L'*outarde barbue* ne paraît que de loin en loin, ordinairement au plus fort de l'été.

Le *canga cata* habite les plaines du Roussillon.

L'*aigrette blanche* est de passage accidentel dans la plaine de la Garonne.

La *spatule blanche* est encore plus rare.

L'*ibis falcinelle* a été rencontré quelquefois dans la haute plaine de la Garonne.

L'*échasse* se montre quelquefois par bandes assez nombreuses, qui traversent le pays en automne.

L'*avocette* est encore plus rarement de passage ; elle est plus abondante dans la région orientale de la chaîne.

Le *flamant* vient tous les ans aborder la côte méditerranéenne, et quelques sujets s'égarent quelquefois jusqu'au centre des Pyrénées.

Le *pélican blanc* n'a été vu qu'une fois dans les environs de Toulouse.

Il me paraît inutile de citer les cygnes, oies, canards, etc., qui traversent nos contrées pendant les hivers rigoureux, car je devrais énumérer ici toutes les espèces européennes.

REPTILES.

Les reptiles des Pyrénées n'ont pas encore été étudiés d'une manière suffisante, et je ne pourrai donner à ce sujet que des indications très restreintes.

La *cistude d'Europe* se trouve assez fréquemment dans les marais qui avoisinent Bayonne ; mais elle devient extrêmement rare en dehors de cette station. M. Noulet a rencontré une fois un sujet de cette espèce sur les bords de l'Ariège, et j'ai recueilli un second exemplaire dans la petite rivière du Touch (Haute-Garonne).

Le *lézard ocellé* est assez abondant dans les plaines du

Roussillon, et il devient de plus en plus rare et de moindre taille à mesure qu'on s'avance vers l'Océan.

Le *lézard des souches* est rare partout ; mais il se rencontre surtout dans les forêts des environs de Montlouis.

Parmi les couleuvres je citerai :

La *couleuvre d'Esculape*, rare dans les forêts de Bouconne, de Larramet, de Montech.

La *girondine*, que l'on confond souvent avec la vipérine, et qui s'en distingue par ses écailles sans carènes.

La *vipère* (*pelias berus*) remonte fort haut dans la montagne ; elle devient souvent énorme en diamètre, mais elle reste toujours courte (0,50 cent. au maximum). Dans la plaine elle est toujours rare et plus petite.

La *salamandre maculée* habite toutes les forêts de la région moyenne de la montagne ; on la rencontre en abondance les jours de pluie, lorsque la température est assez élevée.

Les *tritons* mériteraient fort d'attirer l'attention de quelque spécialiste ; ils se rencontrent partout jusque dans les régions les plus élevées, mais ils varient tellement qu'il serait parfois difficile de trouver deux sujets absolument semblables.

La *grosse grenouille* (*Rana temporaria*) émigre avec les troupeaux, elle monte dans les pâturages élevés avec la belle saison, et descend dès les premiers jours de l'automne.

LES POISSONS.

Deux espèces seulement me paraissent intéressantes à signaler :

Le *barbeau méridional* (fig. 71), qui habite toutes les

rivières de cette région que les géologues appellent les *Petites Pyrénées*. Espèce fort curieuse, que les pêcheurs prennent pour un métis du barbeau et du goujon, d'où le nom de *bourdet, burc bâtard.*

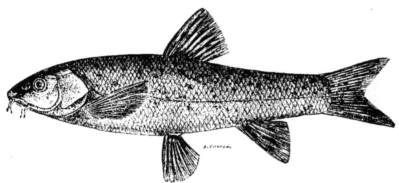

Fig. 71. — Barbeau méridional.

Fig. 72. — Truite commune.

Il est assez facile de le distinguer du barbeau ordinaire par l'ensemble de ses caractères et par sa taille toujours peu considérable ; mais il est un caractère qui permet une détermination rapide : dans le barbeau méridional, le dernier rayon de la nageoire dorsale est adhérent, tandis qu'il est libre dans le barbeau ordinaire.

La *truite* (fig. 72) remonte jusque dans les lacs les plus élevés de la chaîne ; elle devient courte, bossue, noire dans certains torrents, particulièrement dans ceux qui descendent du massif de la Maladetta.

INSECTES.

Les entomologistes ont souvent signalé les Pyrénées comme une des plus riches régions de la France ; car on y trouve réunies des espèces méridionales et des espèces de l'extrême nord.

Les listes suivantes, que nous devons à M. Marquet, indiqueront très suffisamment la composition de cette faune insectologique.

Coléoptères.

Elaphrus uliginosus. Varietas pyrenæus (toutes les Pyrénées).
Nebria Jockischii. Environs de Bagnères-de-Big.
— Lafrenayei —
— Lariollei —
(Campan au Binaros).
Carabus Cristofori — surtout Gavarnie.
— pyrenæus —
— punctato auratus — Campan.
— Var. Farinesi. Montagnes de l'Aude. Belesta et forêt des Fanges.
— melancholicus — Pyr.-Orient. Saillagouse.
— splendens. Pyr.-Orient. et Luchon.
— rutilans. Pyrén.-Orient. et Ariège.
Cychrus Dufouri. Htes-Pyrénées.

Nomius pygmæus. Ariège, près Cazaret, excessivement rare
Trechus (S. G. Anophthalmus et Aphenops).
An. Orpheus, Grottes de l'Ariège.
— Bucephalus —
— Pluto, Grottes de l'Ariège.
— Cerberus —
— Ehlersi —
— Tiresias —
— Discoutigny, Hautes-Pyrénées.
— Orcinus —
— Brisouti —
— Æacus —
— Trophonius, Gr. d'Ariège.
— Croissandeani —
— crypticola, Hautes-Pyrénées, Bagnères-de-Bigorr.
— Leschenaulti, Montrejeau.
— Chaudoiri, Pyrénées.

Pterostychus Xatarti, Pyrénées-Orientales.
— Dufouri Hautes-P.
Pristonychus oblongus, Pyrénées.
Percus patruelis, Pyrénées-Orien.
Aptinus displosor —
— pyrenæus, Pyrénées - Orientales et Ariège.
Molops spinicollis, Pyrénées.
Zabrus obesus, Hautes-Pyrénées.
Scotodypnus Pandellei, Hautes-Pyrénées.
Scotodypnus Schaunii, Pyr.-Or.
Silpha Souverbii, Hautes-Pyr.
Bathyscia ou Adelops Bonvouloiri.
— Speluncarum, Grottes des Pyrénées.
— Delarouzei Grottes des Pyrénées-Orientales.
— Schiœdtii —
— Greineri —
— Lacennei —
— meridionalis, Grottes Pyrénées.
— asperula —
— ovata —
Paussus Favieri, Pyrénées-Orien.
Byrrhus pyrenæus, Hautes-Pyrénées, Bagnères-Bigorr.
— lobatus — —
Ammecius pyrenæus, Pyrénées.
Geotrupes pyrenæus —
Athous mandibularis, Hautes-Pyrén., Bagnères-de-Bigorre.
— Godacti, Hautes-Pyrénées, Bagnères-Bigorre.
— canus, Hautes-Pyrénées.
Helops pyrenæus, Htes-Pyrénées.
Otiorhynchus pyrenæus, Pyr.
— Noui, Pyr.-Or.
Phytonomus ou Hypera.

Ph. arvernica, Pyrénées.
— intermedia —
— tristis —
— Bonvouloiri —
— globosa —
— Barnevillei —
— Delarouzei —
— vidua —
— Paudellei —

Tous ces insectes vivent dans les racines des plantes au bord des torrents, des hautes régions des Pyrénées.

Baris nivalis, Pic du Midi.
Raymondia ou Aloocyba.
Al. Delarouzei
— Benjamini

Charançons aveuglés vivant sous des pierres fortement enfoncées dans le sol.

Eryphalus Eblersi, Pyrénées.
Thamnurgus scrutator —
Tragosoma depsarium, Hautes-P.
Rosalia alpina —
Vesperus Xatarti, P.-Orientales.
Cryptocephalus Ramburi, Pyrénées-Orientales.
— cynaræ, du Cogire.
Oreina splendidula, H.-Pyrénées.
Oreina tristis ou luctuosa, H.-P.
— alpestris —
— Ludovicæ, Pyrénées.
— cacaliæ et ses variétés, Pyrénées.
— speciosissima et ses variétés, Pyrénées.
Cyrtonus punctipennis, P.-Or.
— Dufouri, Pyrénées-Or.
Chrysomela timarchoïdes, P.
— vernalis —
— pyrenaica —
— tubœrea —
— femoralis —
— stachydis —
— analis —

Toutes ces espèces vivent aussi dans d'autres contrées du Midi.

Orestia Paudellei, Hautes-Pyrénées, dans les mousses.

Orthoptères.

Anechura bipunctata, Hautes-Pyrénées, Gavarnie.

Chelidura sinuata.

—   Var.   Dufouri, Pic du Midi de Bigorre.

—   aptera, même localité, sous les pierres.

Mecostethus grossus, Hautes-Pyrénées, et aussi Alpes.

Chrysochraon brachyptera, Hautes-Pyrénées, Argelliers.

Gomphocerus brevipennis, Pic du Midi.

Statophyma fusca, Hautes-Pyrénées.

Ptophus stridulus, Hautes-Pyrénées et aussi Alpes.

Caloptenus Brunneri, Pyrénées-Orientales, Canigou.

Pezotettix alpinus, Luchon et Alpes.

—   pyrenæus, Pic du Midi et Canigou.

—   pedestris, Gavarnie et Alpes.

Orphania denticauda, Luchon et Alpes.

Decticus verrucivorus, Pyrénées et nord de la France, aussi les Alpes.

Locusta cantans, Pyrénées et Alp.

Platycleis Buyssoni, Luchon.

—   Marqueti, Bagnères-de-Bigorre jusqu'à Pau.

Ephippigera Ramburi, Bagnères-de-Bigorre.

Authaxi pedestris, Luchon et Alpes.

—   Kraussi, Pyrénées-Orientales.

Thamnotrizon Chabrieri, Luchon et Alpes.

—   cinereum, Luchon et nord de la France.

Dolichopoda Linderi, Pyrénées-Orientales, grotte de Villefranche de Conflans et aussi dans la grotte d'Espezel près de Quillan.

Il n'y a presque pas d'insectes des ordres des *diptères*, *hyménoptères*, *hémiptères* et *névroptères* propres aux Pyrénées. Ce sont des insectes très vagabonds que l'on trouve un peu partout.

Les abeilles sont tout spécialement cultivées dans les Pyrénées-Orientales (1). Le miel de Narbonne se récolte en Roussillon. Sur 229 communes, 20 seulement ne cultivent pas les abeilles.

En 1858, le département comptait 19,829 ruches don-

(1) Voy. Maurice Girard, *Les Abeilles.*

nant 94,406 kilogrammes de miel, et 17,835 kilos de cire, représentant une valeur de 194,000 francs. Le revenu de chaque ruche serait, d'après cela, de 9 fr. 78 c.

Les cantons de Prades, de Montlouis, Olette et Saillagouse produisent des miels de qualité supérieure ; et celui de la vallée de Carol a un goût qui lui est propre, et qui le place à l'égal de ceux du mont Hymette, de Mahon et de Cuba : la flore locale lui donne ces qualités.

Lépidoptères

L'on peut distinguer deux catégories parmi les lépidoptères que l'on rencontre dans les Pyrénées : les uns sont spéciaux à la montagne, les autres se rencontrent dans les parties basses de certains pays; mais dans la région pyrénéenne ils ne se rencontrent jamais qu'à une certaine altitude.

Espèces montagnardes (M. d'Aubuisson).

Parnassius Apollo	Erebia Pyrrha
— Mnemosyrne	— Stigne
Pieris Callidice	— Evias
Anthocaris Symplonia	— Lefebvrei
Colias Palæno	— Alecto
— Phicomone	— Arachne
Polyommatus Virgaureæ	— Blandina
Lycœna Pyrenaica	— Ligea
— Icarius	— Euryale
— Iolas	— Gorge
Argynnis Cleodoxa	— Manto
— Niobe	— Dromus
— Daphne	Satyrus Cordula
— Ino	— Alizona
— Pales	Steropes Aracynthus
Erebia Cassiope	— Paresius
— Epifron	— Sylvius

Zygœna Minos
— Scabiosa
— Esculans
— Vanadis
— Charon
— Rhadamanthus
— Anthyllidis
Procris Pruni
Emydia Rippertii
Lithosia Flaveolus
Setina Roscida
— Irrorea
— Aurita
Nemeophila Plantaginis
— Hospita
Chelonia Maculosa
Liparis Ermita
Oryza Aurvolimbata
Aglia Tau
Typhonia Melas
Psyche Plumifera

Spœlotis Cataleuca
Agrotis Agricola
— Reclusa
Eliophobus Graminis
Superina Furva
— Perrix
Apamea Rebuncula
Polia Pumicosa
Cleophana Cymbalaria
Calpe Thalictri
Abrostola Asclepiadis
Plusia Phalsytis
Cleogena Peletieraria
— Torvaria
Fidonia Pyrenaria
Eupisteriva Quinquaria
Eubolia Vincumlaria
Anaitis Præformaria
Torula Equestraria
Psodos Trepidaria

Espèces montagnardes seulement dans les Pyrénées.

Polyommatus Chryseis
Lycœna Orbitulus
— Alcon
— Arion
Argynnis Aglaya
— Adippe
— Selene
— Euphrosine
Satyrus Fidia

Sterops Aracynthus
Sphinx Pinastri
Zygœna Sarpedon
— Hippocrepidis
— Lavandulæ
— Fausta
Procris Infausta
Liparis Monacha
Lasiœcampa Pini

Indépendamment des espèces mentionnées ci-dessus, presque toutes celles des plaines, ainsi que celles des coteaux, se trouvent dans les Pyrénées et arrivent même jusqu'aux régions des neiges, notamment la *Vanessa Cardui*, qu'on rencontre souvent aux environs des glaciers.

CHAPITRE VI.

L'HOMME ; SES RACES ET SON LANGAGE.

I. — L'HOMME PRIMITIF DANS LES PYRÉNÉES.

Les Pyrénées ont fourni de nombreux documents à
l'histoire de l'homme primitif, et toutes les époques préhistoriques ont laissé quelques stations dans nos montagnes. Nous ne ferons qu'énumérer quelques-unes des
plus intéressantes.

Les vestiges les plus anciens ont été trouvés à l'Infernet,
sur les bords de l'Ariège, par M. le docteur Noulet.
Là, sous une épaisse couche de Lehm (6 mètres d'épaisseur), un lit de sables, de petits cailloux, renfermait des
débris d'*elephas primigenius*, *rhinoceros tichorrhinus*,
equus, *megaceros hibernicus*, *felis spelæa*, associés à des
quartzites taillés de main d'homme.

Ici tout était en place, et il ne pouvait y avoir de
doutes sur la contemporanéité de ces pierres taillées et de
ces animaux qui tous appartiennent à la faune quaternaire.

Dans cette même région, le docteur Noulet a recueilli
de nombreux quartzites taillés, de même nature que ceux

de l'Infernet ; mais ceux-ci étaient à la surface du sol, et rien ne permettait, dans les stations d'Issus, de Roqueville, de leur assigner un âge ; mais leur identité avec ceux de l'Infernet ne laisse aucun doute sur l'époque à laquelle l'homme les a ainsi façonnés.

Des objets de même nature, toujours hors place, ont été rencontrés aux environs de Toulouse par Messieurs d'Adhémar, à La Vallette, aux environs de Montastruc, dans la vallée du Tarn par M. Cabié, à Réal par M. Jaybert, enfin à Montauban par le docteur Alibert.

A ces premiers essais de cailloux taillés, succède une période dans laquelle l'homme va faire de rapides progrès ; il habite alors les cavernes, et s'il peut voir encore autour de lui les grandes espèces quaternaires, il s'attaque surtout au renne et plus tard au cerf dont il a accumulé les débris dans les grottes qui lui servent de demeures.

Il abandonne le caillou grossier de l'Infernet, et taille le silex, qui lui donne des lames tranchantes, des pointes effilées. Avec cet outil nouveau il va faire un outillage des plus complets ; tout d'abord il scie et débite les bois de renne pour en faire des pointes de flèches, des harpons avec lesquels il pourra plus facilement atteindre sa proie. Avec ce même silex il fabriquera avec un os d'oiseau des aiguilles aiguës, dont le chas est très nettement percé avec un silex. Enfin de chasseur utilitaire il deviendra artiste, et il arrivera à sculpter l'ivoire du mammouth : grotte de Brassempouy (Landes), et plus ordinairement le bois de renne ; ou bien encore il gravera au trait sur ce même bois de renne des images des plus instructives et qui représentent les animaux qu'il voyait autour de lui.

Les grottes de l'âge du renne sont nombreuses dans les Pyrénées ; nous citerons parmi les plus intéressantes : Bise (Aude), fouillées par M. Tournal ; Massat (Ariège), par M. Fontan tout d'abord, puis par M. Lartet, et plus tard par MM. Cartaillac et Regnault ; le Mas-d'Azil (Ariège), dans laquelle M. Piette a signalé des cailloux peints en rouge ; la Vache (Ariège), fouillée par M. le docteur Garrigou ; Gourdan près Montréjeau (Haute-Garonne), qui a fourni à M. Piette d'innombrables objets travaillés ; Aurignac (Haute-Garonne), une des premières stations étudiées par M. Lartet : c'est là le point de départ de toutes les recherches faites dans les Pyrénées ; Lourdes (Hautes-Pyrénées), par MM. Alphonse Milne Edwards, Garrigou et Martin ; enfin Sordes (Basses-Pyrénées), par MM. L. Lartet et Chaplain-Duparc.

Mais le renne disparut à son tour et avec lui la faune quaternaire tout entière fit place à de nouvelles espèces, qui ne peuvent être séparées des espèces actuelles. Une nouvelle industrie caractérise cette période : les armes de pierre, au lieu d'être simplement taillées, sont soigneusement polies ; les pointes de flèches disparaissent, les ornements, les dessins et les sculptures sont inconnus à cette population nouvelle. Ils habitent toujours les grottes, mais ils ne sont plus chasseurs comme à l'époque du renne, ils sont pasteurs ; la poterie, inconnue dans la période précédente, apparaît alors, et la pierre à moudre indique qu'ils cultivaient les céréales.

C'est dans l'Ariège que les plus importantes stations de

cet âge ont été découvertes et décrites par Garrigou,
Rames et Filhol : grottes d'Ussat, de Bédeillac, etc.

A cette époque de la pierre se rattachent également les
monuments mégalithiques reconnus aujourd'hui pour
être des tombeaux : les dolmens. Ceux-ci sont peu abondants dans les Pyrénées, mais on en rencontre cependant
tout le long de la chaîne, depuis les Pyrénées-Orientales
jusqu'à l'Océan.

Ceux de l'Ariège (dolmen du Mas-d'Azil) (fig. 73) sont
encore les mieux conservés.

A cette même époque préhistorique, il convient de
rattacher les enceintes de pierre des environs de Luchon,
étudiées par M. Chaplain-Duparc, Gourdon, Piette et
Sacaze, quoique renfermant parfois des objets de bronze.

Les *tumuli* apparaissent avec l'usage des métaux ; on
les rencontre sur le plateau qui s'étend au nord de Pau,
et dans les landes d'Ossun et de Bartrès, aux environs de
Tarbes. Les uns et les autres contenaient des poteries
ornementées, et de nombreux objets de bronze et de fer.

Au delà nous entrons en pleine période historique ;
mais une incertitude assez grande règne encore sur ces
premières périodes historiques.

Malgré l'incertitude qui règne encore sur l'origine des
peuplades qui ont introduit l'usage des métaux chez les
populations néolithiques, il semble prouvé aujourd'hui
que cette période est contemporaine des temps historiques.

D'après les uns, le bronze aurait été importé dans les
Gaules par les marchands phéniciens et aurait été introduit par les côtes de la Méditerranée. D'autres, au contraire, affirment, peut-être avec raison, que le bronze
avait été introduit par des bandes de chaudronniers am-

Fig. 73. — Dolmen du Mas-d'Azil (Ariège).

(Dessin de M. de Calmels).

bulants, ancêtres de nos Bohémiens, qui erraient déjà
dans toute l'Europe, aux temps préhistoriques. Quoi qu'il
en soit, il semble prouvé que cette arrivée du bronze a
été très tardive ; que, lors de la fondation de Rome (753),
les Gaulois se servaient, dans mainte localité, d'instruments de pierre. M. Bertrand assigne la date du
x\ siècle avant notre ère à cette importation du bronze,
et M. de Mortillet place l'arrivée du fer à l'an 800
av. J.-C.

« A cette date, nous nous trouvons déjà en pleine histoire, et le midi de la Gaule apparaît occupé par les
grandes races historiques, les Ibéro-Aquitains, les Celtes
et les Ligures (1). »

Quoi qu'il en soit, la Gaule était occupée, du temps de
César, par deux types ethniques confondus sous le nom
de Gaulois : les uns aux cheveux blonds, à la peau blanche,
à la taille élevée, les Gaulois proprement dits : race en-
vahissante et qui s'était substituée complètement dans le
nord aux peuplades néolithiques autochtones ; les autres
de taille peu élevée, bruns, aux yeux noirs, type que les
auteurs anciens attribuent aux Ligures, aux Aquitains,
aux Ibères d'Espagne, aux Silures de Bretagne. C'est le
type du midi de la France, type primitif qui, dans la
région pyrénéenne notamment, aurait subsisté à l'invasion des blonds, des Celtes. Du reste, Strabon distingue
nettement les Aquitains des Celtes.

De ces populations primitives il resterait encore une
trace de première importance : la langue basque.

D'après cela, il faudrait admettre que les ancêtres des

(1) Luchaire, *Les idiomes pyrénéens*, p. 14.

races actuelles des Pyrénées seraient précisément ces tribus aux cheveux noirs, si nettement distinctes des Celtes aux cheveux blonds.

Au dire de Strabon, Festus Avienus et quelques autres, la première population historique qui semble avoir occupé le versant du nord des Pyrénées est celle des Ibères. En l'an 600, la région de Narbonne, des Pyrénées-Orientales portait le nom d'Ibérie, où les Phocéens avaient fondé Agathe (Agde).

Le nom d'Illiberis (Elne) de cette même époque n'est qu'un mot basque à peine modifié, Irriberi (Villeneuve); de même Betarra (Béziers), du mot patois *Labourdirpatar* (colline).

Les Ibères auraient donc peuplé toute la chaîne; et nous pouvons dire déjà que les Basques sont probablement leurs descendants les moins mélangés.

Quant aux Ligures, les uns en font des Celtes modifiés, d'autres une race aussi méridionale que les Ibères.

Enfin les Aquitains, qui occupaient toute la région moyenne des Pyrénées jusqu'à l'Atlantique. Groupe assez connu par les inscriptions qu'il a laissées, par les noms de lieux, l'examen des langues parlées dans cette région, et qui formait une tribu profondément distincte des Celtes les Aquitains étaient intimement unis aux Ibères.

Toutes ces tribus furent envahies par les Celtes et passèrent sous leur domination; l'an 220, lorsque Hannibal franchit les Pyrénées, il ne rencontra devant lui que des populations plus ou moins celtisées.

Plus tard, l'élément romain vint encore s'ajouter à ce premier mélange; enfin l'invasion visigothique apporta un dernier élément, un nouveau mélange.

II. — L'HOMME ACTUEL.

Les populations actuelles, qui doivent représenter les races primitives, ne peuvent être considérées que comme le résultat d'un métissage des plus complexes ; mais cependant il faut dire que les éléments primitifs méridionaux dominent encore : le Pyrénéen est brun, et ce n'est que çà et là que l'on rencontre quelque groupe, toujours limité, de blonds, les habitants de la vallée de Bethmale, par exemple.

Nous ne pouvons donc pas décrire le Pyrénéen comme un type anthropologique, et nous devrons nous contenter de prendre quelques types çà et là, en choisissant ceux qui sont les mieux caractérisés.

Vallée de Bethmale (Ariège) (fig. 74). — La vallée de Bethmale conserve encore les costumes d'autrefois, et les mœurs de ses habitants se ressentent encore de l'isolement dans lequel ils se sont maintenus jusqu'à présent.

Tout dernièrement, un érudit, M l'abbé Cau-Durban, a consacré une étude fort intéressante à cette vallée, et c'est à ce travail bien fait que nous empruntons les renseignements qui suivent (1) :

« C'est par le costume de ses habitants que cette vallée s'est créé auprès des touristes une célébrité dont elle jouit sans partage dans la région.

« Le costume de l'homme se compose d'une petite ca-

(1) David Cau-Durban. *Vallée de Bethmale*, mœurs, légendes et coutumes, histoire, courses pittoresques, géologie.

Fig. 74. — Vallée de Bethmale (Ariège).

(Dessin de M. de Calmels.)

lotte qu'il porte coquettement sur l'oreille ; elle est d'étoffe rouge et bleue rehaussée de paillettes d'or et de jolis dessins en soie. Les jours de fête, la calotte cède la place au chapeau à large bord entouré d'un ruban noir. La veste courte est de mise dans la même circonstance ; mais, en dehors des jours d'apparat, le jeune *fadri* porte un tricot blanc, bordé d'un liseré de velours et chamarré d'innombrables arabesques qui courent en tous sens sur la poitrine et sur les bras. Sous le tricot, un gilet blanc s'entre-croise comme l'ancien habit du Directoire, sur une chemise à haut col richement brodé. Puis une culotte étroite, retenue par un gros bouton jaune, va se rattacher aux guêtres serrées aux genoux par de belles jarretières de soie. Chaussez vos gars de ses solides sabots à pointe recourbée, donnez-lui un long et solide bâton, et vous aurez le plus turbulent, le plus fier et le plus sobre des pâtres pyrénéens.

« Le costume de la femme est fait de luxe et de coquetterie : aussi il relève bien, sans les exagérer, tous les agréments d'une nature charmante, sans affectation et sans fard.

« Une cornette de lin qui enveloppe tous ses cheveux, retombe légèrement sur ses épaules et forme un cadre de lignes blanches autour de son front et de ses pommettes vermillonnées. Cette cornette est retenue par une coiffe rouge enluminée de gracieux dessins et pressée par deux tours de ruban qui la couronnent d'une sorte de diadème à beaux reflets ; une veste de diverses nuances, aux manches courtes, qui dégagent l'avant-bras, dessine sa taille, et une jupe, très plissée sur les hanches, laisse voir l'extrémité de la jambe,

Et ses sabots chéris, dont l'amour avec art
A relevé la pointe en figurant un dard.

« Pour complément de toilette, un foulard à grands ra-
mages couvre les épaules ; un tablier à petits carreaux ou
de teinte unie est retenu autour de la taille par un large
ruban de soie bleue, et une bavette en croissant, remontant à la hauteur de la gorge, entoure les broderies d'une
fine chemise sur laquelle scintille une épingle brillante ;
une chaînette en fil de laiton retient un faisceau de cordons
de cuir auxquels sont attachés la bourse, les ciseaux et
les clefs de la ménagère... et le légendaire couteau du bel
âge à manche de corne parsemé de clous qui rappelle des
jours et des serments évanouis.

« La petite fille et le garçonnet, jusqu'à l'âge de huit
ans, portent le même costume : robe, tablier à bavette avec
cascarinet illustré de bouquets de rubans, de paillettes
et de boutons multicolores. A l'âge d'aller à l'école et à
l'église, le bambin prend la petite culotte et le béret, laissant à sa jeune sœur sa défroque du bas âge.

« L'un des objets les plus remarquables de la toilette
bethmalaise est le sabot élégamment recourbé en pointe
effilée, chamarré de clous jaunes dessinant sur l'empeigne
des cœurs ou de petites rosaces ; les brides de fer sont
parfois de ravissants chefs d'œuvre de gravure, où le for-
geron du village a épuisé toute l'inspiration de son génie
artistique.

« D'ordinaire, ces sabots, œuvre de patiente adresse, sont
le cadeau de Noël, que le *fadri* offre à sa future. Viennent
les jours gras, la jeune préférée recevra encore de la même
main une quenouille rouge et son fuseau, qu'elle promè-

nera dans le quartier avec une vaniteuse ostentation, au grand déplaisir de ses rivales. En retour, elle doit offrir, aux mêmes fêtes, une paire de jarretières, à glands, un béret ou une bourse empanachée de rubans, de paillettes ou de jais.

« Ce costume, si intéressant ou si étrange qu'il soit, n'autorise pas l'induction de quelques esprits aventureux qui ont pensé que les habitants de cette vallée constituaient un groupe ethnologique qui n'avait pas de similaire dans nos contrées. De récentes observations sont loin de confirmer cette opinion. Nous inclinons plutôt à croire que ce costume appartient aux anciennes peuplades de nos Pyrénées. Abrité contre les invasions mobiles de la mode, dans ce coin isolé, il a pu, plus facilement qu'ailleurs, se conserver dans sa forme primitive. Avec quelques modifications de couleurs, on en retrouve des vestiges, tels que le corsage à courtes manches, la bavette, la jupe plissée, la culotte et la veste de bure, dans les hautes vallées du versant français : Massat, Ossau, etc.

« Quoi qu'il en soit, ce costume est fort singulier par sa coupe et l'harmonieuse diversité de ses couleurs, et pour sa confection, le Bethmalais n'a besoin du secours d'aucun ouvrier étranger. La femme file le lin et la laine ; l'homme tisse, coupe et confectionne. »

Le Bethmalais est essentiellement pasteur, et pendant toute la belle saison, il stationne dans la haute montagne avec ses troupeaux.

« Comme le pâtre italien, il passe volontiers sa journée à faire retentir de ses chants et de ses longs sifflements les prés et les bois.

« C'est d'instinct que le Bethmalais est berger comme son

aïeul et son père. Tout enfant, à peine sait-il se tenir sur ses jambes, qu'il saisit un bâton, et qu'il court après l'agneau, sifflotant, hélant comme le vieux qu'il doit remplacer. S'il n'avait pas son troupeau, plus de lait, plus de fromage, plus de laine ; la misère noire dans toute la vallée.

« Berger par vocation, le Bethmalais devient chasseur par accident. Il a, autour de lui, des pièces de choix, l'isard, le coq de bruyères, le lagopède.

« Elevé dans les habitudes normales de la vie pastorale, il n'a pas d'aptitude pour l'agriculture. Il ensemence son champ pour recueillir une moisson indispensable à l'entretien de sa famille ; mais il ne l'améliore pas. Le travail des champs incombe aux femmes ; l'homme le dédaigne par fierté ou par crainte d'une fatigue à laquelle ne le dispose guère l'oisiveté de ses habitudes nomades.

« Cependant le Bethmalais est actif, industrieux quand les nécessités de la vie l'exigent. C'est lui qui bâtit sa cabane, qui pourvoit son ménage de tout l'outillage nécessaire. Il excelle surtout dans l'art de travailler le bois. Ses plats, ses cuillères, ses sièges, ses tables, tous les genres de vases nécessaires à la conservation du lait et la fabrication du fromage, c'est lui qui les façonne dans un tronc de hêtre ou de sapin, avec les instruments les plus rudimentaires, la hache et le couteau.

« Profondément attaché au sol qui l'a vu naître, il n'émigre qu'à regret, et encore s'éloigne-t-il le moins possible de ses montagnes.

« La vie des champs donne aux jeunes filles une liberté dont elles abusent parfois, et bien des couronnes s'effeuillent avant l'heure. J'estime cependant qu'elles valent mieux que leur réputation ; les mauvaises langues sont injustes, et je ne sais pas si la femme de César eût long-temps gardé intact l'honneur de son nom dans les carre-fours de nos villages. »

La mode aujourd'hui est d'aller chercher des nour-rices dans cette vallée ; et l'on aperçoit souvent, sur les promenades de Saint-Girons, de Foix et de Toulouse, le voyant costume de Bethmale.

Les principaux événements de la vie : naissance, ma-riage et décès, donnent lieu à quelques cérémonies que nous ne devons pas omettre.

Peu d'heures après sa naissance, l'enfant est habillé de sa plus belle robe et couché dans un berceau couvert d'un châle rouge ou blanc, suivant le sexe du nouveau-né. On le porte à l'église pour le baptême ; mais, avant de fran-chir le seuil de la maison, le père et la mère le bénissent : « Que Dieu donne une longue vie et des jours heureux. » A son retour, il est fêté dans un modeste repas dont le parrain et la marraine font tous les frais, et ils ne sont pas ruineux. L'un a fourni le pain et le fromage, et sa com-mère le vin. Si le nouveau-né est un garçon, sa naissance doit être saluée par une salve de coups de pistolets. La donzelle qui est chargée de porter l'enfant doit bien se garder de tourner la tête en chemin. Un oubli sur ce point serait fatal au nouveau-né, les sorcières prendraient empire sur lui ; et l'on aura soin, pour conjurer leurs maléfices, de suspendre à l'arc du berceau quelque objet béni ; les plus avisés ne manquent pas de tourner le cou-vre-pied à l'envers. L'enfant peut dormir tranquille alors, l'influence des malins esprits est paralysée par cette ingé-nieuse précaution.

Le mariage est encore ici précédé de cette cérémonie de la capture, qui, au rapport de Plutarque, existait jadis à Sparte. La veille des noces, sur le déclin du jour, le futur, escorté de ses donzaux, se dirige vers la maison de sa fiancée. La porte en a été préalablement close. Le futur frappe trois coups. Un dialogue chanté s'établit entre les donzelles qui sont dans l'intérieur et le groupe du fiancé qui demande à entrer.

Les garçons énumèrent les divers cadeaux que le fiancé apporte; mais les filles font les dédaigneuses jusqu'à ce qu'elles entendent ce couplet :

> Un gouyatet l'yn porto
> E nobi à sa nobio
> Un gouyatet l'yn porto (1).

La porte s'ouvre et la troupe joyeuse fait irruption dans la maison. La fiancée a disparu. On se met à sa recherche; on fouille tous les coins de la cave au grenier, et celui qui a eu la bonne fortune de la découvrir l'embrasse le premier et conduit le précieux trophée au fiancé.

La veillée se passe en amusements et en préparatifs de la fête du lendemain. Les jeunes filles décorent de rubans et de fruits de gigantesques rameaux de laurier ; les donzaux font sauter, à tour de rôle, la crêpe traditionnelle de blé noir qui doit régaler la société.

Quand l'heure de la cérémonie religieuse est arrivée, le garçon d'honneur se présente pour chausser la fiancée. Il loge aisément le pied droit dans son soulier neuf ;

---

(1) « Il apporte un jeune homme (gouyatet) et le fiancé à sa fiancée (nobio). »

mais le pied gauche ne peut entrer ; la chaussure est trop étroite, trop courte, il faut une grande plume de poule ; la maîtresse de céans porte le volatile le plus gros de sa volière, en choisit la plus belle plume de l'aile que l'on place sous le talon de la fiancée, et, par enchantement, voilà le pied dans le soulier. La poule demeure l'otage des donzaux. Richement enguirlandée de fleurs et de rubans multicolores, comme les antiques victimes, elle fait partie du cortège qui se rend à l'église précédé des lauriers que portent les donzaux. A défaut d'orgue, c'est la poule qui est chargée, durant la cérémonie, de réveiller par ses cris stridents les échos de l'église. L'un des donzaux a pour mission de provoquer son chant par d'incessantes tracasseries ; ce chant est de bon augure pour l'heureux couple ; s'il manquait, l'un des invités, dissimulé dans un coin de l'édifice sacré, devrait en imiter le gloussemen·, afin qu'aucun présage de bonheur ne manquât à l'hyménée.

De retour à la chambre nuptiale, les nouveaux mariés s'agenouillent sur deux chaises, et chacun des invités vient à son tour les féliciter et les embrasser, en déposant son offrande dans un bassin. La journée se termine par un copieux festin suivi de chants et de danses.

Les sépultures donnent lieu aussi à un repas simple, frugal, dans lequel on s'interdit la viande. Le laitage et le riz en forment le fonds ; il doit de rigueur se terminer par une prière pour le repos de l'âme du défunt.

Le deuil est porté avec le grand manteau noir et le chapeau à larges bords que l'on ne quitte même pas d'un an à l'église pendant les offices.

On se fait un religieux scrupule d'observer, dans l'inhu-
mation, l'ancien usage de tourner la tête du mort vers
l'orient. C'est de là qu'est venue la lumière, c'est de là
qu'est venue la promesse de la résurrection. Le défunt est
accompagné au cimetière avec d'exubérantes démonstra-
tions de douleur ; c'est un bruyant concert de cris et de
plaintes dont la bruyante expression fait douter parfois
de la sincérité des regrets. Ces lamentations sont entre-
mêlées de soupirs et d'apostrophes au mort : une véritable
oraison funèbre dont les détails paraîtraient plus d'une
fois burlesques, si la naïveté ne les excusait. »

Les Béarnais. — Le Béarnais est généralement petit de
taille, très actif, très alerte ; il a le front bombé, le nez
aquilin à la courbe fortement accentuée, la figure d'un
ovale allongé, au teint pâle. Son œil brille sous une pau-
pière qui retombe, lui donnant une profondeur saisissante.

Il porte les cheveux ras, sauf dans la vallée d'Ossau
où la face plus élancée laisse flotter, sur de larges épaules,
de longues boucles de cheveux, usage auquel le service
militaire, pour tous, a porté depuis peu une atteinte
décisive.

D'où vient la race béarnaise? Elle est évidemment une
de ces nombreuses familles gauloises qui occupaient l'extrême midi de la province connue sous le nom d'Aquitaine avant l'occupation romaine.

Les *Benarnenses* (Béarnais) et les *Osquidates* (habitants d'Aspe, Ossau et Baretous) formèrent les premiers
éléments de notre race.

La vie pastorale constitua ses premières ressources,
ainsi que l'attestent *les vaches de gueules clairinées d'a-*

ʒur, qui décorent le *fond d'or* de l'écusson des armes du Béarn.

La tradition s'est perpétuée : l'agriculture est restée sa principale ressource, ou, pour mieux dire, sa seule industrie.

Le Béarnais est d'une extrême sobriété ; il vit de pain de maïs (*méture*) et de soupe aux choux (*garbure*), que le dimanche il accompagne de *petit salé* ; la viande de boucherie, il la réserve pour les solennités de famille et les fêtes locales.

Il boit le plus souvent de l'eau à ses repas, faute de vin, auquel il assure, le jour où il lui est donné d'en avoir sous les lèvres, de copieuses, d'interminables libations.

Il travaille son champ avec amour ; il aime son bétail presqu'à l'égal de sa famille ; et celle-ci, il l'élève fortement, sans se préoccuper des questions de santé et d'hygiène, dont les principes les plus élémentaires lui sont totalement inconnus.

La coiffure nationale est le béret de laine marron dans les vallées d'Ossau (fig. 75) et d'Aspe, bleu dans les plaines, toujours largement rond. La femme enveloppe ses beaux cheveux dans le macaron élégant d'un mouchoir coquettement posé sur la tête.

Dans les vallées, le Béarnais porte la veste de laine et la culotte courte de velours ; dans les plaines, le pantalon de toile et la blouse de cotonnade bleue, qui recouvre, à l'hiver, quelque tricot fait au logis. La ceinture rouge lui serre la taille en de nombreux replis. La plupart du temps, il va en bras de chemise, semblant braver impunément les intempéries des saisons.

La jambe leste et nerveuse, il fait à pied des lieues pour se rendre aux marchés et aux foires, causant et riant, sans trêve, tout le long du chemin, avec ses compagnons, dont la gaîté communicative lui fait oublier les distances.

S'il monte à cheval, c'est pour lancer sa coquette et agile monture au triple galop. Race étonnante, qui, le sourire aux lèvres, s'éloigne de son village pour aller chercher fortune au loin, mais qui y revient toujours avec une arme de douce émotion.

Race charmante, insinuante, qui arrive à tout, et « pousse partout », comme le disait avec un jovial orgueil Henri IV, le Béarnais par excellence, arrivé lui aussi, à force d'habileté, de finesse et de courage, de son petit royaume de Navarre au grand royaume de France.

Fig. 75. — Guide des Eaux-Bonnes.
Dessin de M. Sadoux

Race aimable et souple, sachant se faire partout de chauds et fidèles amis (1).

Les Basques.

L'origine des Basques est assez difficile à déterminer.

(1) Adrien Planté, *Congrès de Pau*, p. 14 et s.

Ils émettent parfois la prétention amusante de descendre en ligne directe du premier homme ; ils affirment qu'ils parlent la langue d'Adam dans ses colloques avec le Créateur dans les allées fleuries du paradis terrestre, et ils trouvent des arguments en faveur de cette filiation antique dans certains rapprochements de mots, dans certaines coïncidences de noms.

Il suffira, croyons-nous, pour leur gloire, de descendre des Ibères par les vieux Cantabres.

La langue euskarienne n'est comprise et parlée que par les Basques.

Généralement plus grand que le Béarnais, plus gros, la tête plus petite, coiffée d'un microscopique béret bleu, le teint plus coloré, il est également rude au travail et vaillant à la guerre.

Il a une main de fer ; armé du légendaire *magula*, un bâton ferré, il se déclare volontiers invincible ; il est, en tout cas, redoutable, avec un fond très grand de générosité et de bonté.

Il est hospitalier comme... *un Basque*, car son hospitalité est devenue proverbiale (fig. 76).

Le front éclairé par deux yeux limpides, sa physionomie est ouverte ; il a l'air aimable, l'abord cordial.

Il devient terrible si on le contrarie, et son ennemi le trouve sans pitié.

Le cri du Basque est bien connu : l'*irrincina*. Poussé d'un souffle formidable et enlevé dans une gradation ascendante, il retentit, strident, la nuit, répercuté longuement par les échos de la montagne et répété par le voisin dont il va bien éveiller l'attention ou la susceptibilité. Salut amical ou défi audacieux, on y répond, heureux quand on ne fait qu'y répondre par un même cri.

Car l'irrincina est aussi le cri de joie des fêtes populaires.

Fig. 76. — Maison Basque.

Humboldt a dit : « Le peuple basque est un peuple qui danse au pied des Pyrénées. »

La danse est en effet en grand honneur au pays basque ; mais, pour l'agrémenter, il n'est pas absolument besoin du concours de la femme. Le *saut basque* populaire est dansé par l'homme seul ; il est varié, on en compte plus de trente différents, que danse une bande de jeunes gens, soutenus par le violoneux du village et, à son défaut, par le sifflet infatigable de l'un d'eux, à la grande joie des spectateurs.

Le jarret du Basque, comme sa main, est de fer ; il fait des marches étonnantes, chaussé de l'espadrille en corde de jute, et arrive à son but, frais et dispos, prêt à se remettre en route après un réconfortant repas.

Cent kilomètres par jour ne l'effraient pas. Le Basque se nourrit mieux que le Béarnais ; il lui faut le pain de froment, les œufs, la viande salée (*chingara* et *arrosiac*), le bouillon de mouton.

Il ne faut pas s'en étonner : il se démène plus que ses voisins, et la terre qu'il cultive est presque tout entière en pleine montagne. On trouve chez les basques, une charrette des plus primitives (fig. 77) avec de grandes roues pleines et un essieu en bois ; elle est toujours traînée par des bœufs.

Il émigre volontiers vers les régions méridionales de l'Amérique du Sud.

Les soixante mille Basques des Basses-Pyrénées sont représentés sur les bords de la Plata et au pied des Andes par cent cinquante mille frères qui les attirent sans cesse, au grand détriment de la mère-patrie abandonnée par eux.

Les fermes se vident ; il faut appeler des Espagnols pour les garnir.

L'émigration inutile, inefficace, dépeuple les arrondissements de Mauléon et de Bayonne, au profit de ces terres lointaines, théâtre désolé de révolutions périodiques.

L'exemple fatal de quelques fortunes rapidement faites

Fig. 77. — Attelage basque.

— et au prix de quelles sueurs ! — fait rêver d'or ceux qui sont restés au foyer paternel. (fig. 78).

Ce besoin de locomotion et d'expéditions lointaines n'est que la conséquence nécessaire d'un atavisme inéluctable (1).

Intrépides, audacieux, les marins basques furent les premiers qui tentèrent, dans les eaux du nouveau monde, la pêche à la morue.

Très fiers de ce passé, ils ont à cœur de prouver que les aventures ne les rebutent point.

Aussi quels excellents marins que les marins de Saint-Jean-de-Luz et de Biarritz !

Quels admirables soldats que ces chasseurs basques qui, sous la conduite de leur vaillant compatriote Harispe, devenu maréchal de France, défendaient, pied à pied, les passes des Pyrénées contre les troupes alliées de Wellington et de Murillo !

La femme basque et la femme béarnaise sont toutes deux charmantes, dans leur allure vive, leur taille fine et cambrée.

La Béarnaise, plus petite, est le plus souvent blonde ; la Basquaise est plutôt brune.

Le teint mat des femmes du pays basque contraste singulièrement avec le teint coloré de leurs hommes.

La Basquaise est très vive : elle parle avec une volubilité exubérante, en donnant beaucoup de voix.

Energique et résolue, elle fait le voyage d'Amérique

---

(1) Telle est du moins l'opinion avouée ; mais si l'on en croyait nombre d'observateurs étrangers au pays, le Basque émigrerait surtout pour éviter le service militaire, que son caractère indépendant lui fait supporter avec peine.

pour aller retrouver son frère ou son fiancé, aussi facilement que nous allons de Paris à Versailles.

Si elle a le sourire provocant et le cœur tendre, elle a

Fig. 78. — Village basque.

la main leste, et sait défendre son honneur avec une sur-
prenante virilité.

La Béarnaise paraît plus timide : elle parle volontiers,
et son langage figuré emprunte à la vivacité de la physionomie un charme particulier. Toutes deux portent crâne-

ment sur la tête le poids bien lourd de la *cruche* de
terre ou de la *Herrade* aux bandes de cuivre, pleines
d'eau ; la jupe relevée et les pieds nus, elles vont droites
et agiles, sans jamais broncher, de la fontaine à leur
cuisine : vieil usage auquel le plus riche paysan ne peut
se soustraire.

Les marchandes de sardines de Saint-Jean-de-Luz,
les cascarottes, suivaient autrefois, au trot allongé,
chantant à gorge déployée et le panier plein sur la
tête, la diligence qui entrait à Bayonne avec cette
pittoresque et bruyante escorte (fig. 79).

Dans nos pays pyrénéens, la femme est bien la ser-
vante de l'homme ; il dîne assis, seul, ou avec vous s'il
vous invite ; sa femme ne s'asseoit jamais à table ;
elle va, vient, s'assurant que le repas se poursuit régulièrement, et se montrant toujours heureuse de servir
son maître et ses hôtes.

La danse est, dans le Béarn, l'un des amusements
préférés, auquel s'ajoutent les jeux de quille, le jet de
la barre de fer, tous ceux enfin qui font valoir l'adresse
de l'homme et la souplesse de son corps.

Au pays basque, le roi des jeux est le jeu de paume :
à l'aide de larges gantelets en cuir rigide, ou de longs
gants d'osier fortement tressés en corbeille, une lourde
pelote est lancée d'un bras puissant, selon les règles
compliquées et savantes d'un code qui fait autorité
sur les deux versants pyrénéens. Les paris s'engagent :
on y perd des sommes énormes (1).

(1) Adrien Planté, *Congrès de Pau*, p. 18 et s.

Bohémiens.

Une des particularités du pays basque est la présence d'une tribu de Bohémiens.

Ceux-ci sont installés, au nombre d'un millier environ,

FIG. 79. — Femmes basques.

dans ce beau pays, en véritables conquérants : le voisinage de l'Espagne, l'accès facile des montagnes de la Soule et de la Basse-Navarre, l'eau du torrent, la viande des troupeaux impunément décimés, un climat particulièrement privilégié, en voilà assez pour séduire ces hommes à demi sauvages.

Ils couchent la nuit dans les granges abandonnées. Le jour, ils sillonnent le pays, sans autre frein que la fantaisie du moment ou les rares nécessités d'un travail qu'ils recherchent le moins possible.

Ils vont par famille. Et quelles familles! L'accouplement, plutôt que le mariage, règle leur société, et la nombreuse lignée que l'association, le plus souvent temporaire, met au jour, n'est que le lien fort peu solide de la constitution d'une famille dont la prostitution est la première loi.

Dressé dès les premières années au maraudage, le bohémien adulte exerce sur une vaste échelle le vol avec toutes les circonstances aggravantes. Il tue rarement, à moins qu'il ne soit en état de légitime défense.

Adroit, souple, agile, il dévalise une maison en moins de temps qu'il ne faut pour le conter, et, grâce à des relais stratégiquement combinés, fait transporter en peu d'heures les objets volés sur l'autre versant des Pyrénées ou dans des gorges profondes, où le partage du butin se fait très consciencieusement.

Depuis quelques années, on a réglé, mais incomplètement, l'état civil de la famille bohémienne ; néanmoins tout enfant inscrit sur les registres de la commune où les hasards de la vie errante l'ont fait naître, ne répond pas à l'appel du contingent militaire : il a bien vite disparu. Il ne faut pas s'en plaindre : il apporterait au régiment des habitudes déplorables.

On a cherché, à l'hospice de Saint-Palais, à discipliner quelques fillettes bohémiennes, que l'appât des vêtements et des bons soins, allégeant les charges de la famille,

avaient poussé les parents à confier aux bonnes Sœurs
hospitalières. Au bout de quelques mois, les petites
indomptées, refaites de leurs précoces fatigues, escala-
daient les murs et regagnaient l'indépendance des bois.

D'une intelligence rare, ils se défendent devant les
juges en véritables avocats. Ils n'avouent qu'au cas de
flagrants délits. Malheur à celui d'entre eux qui dénonce-
rait un coupable !

Pendant que l'un d'eux expie sa faute en purgeant une
condamnation un peu longue, le conjoint cherche un
autre compagnon de vie et fonde un nouveau ménage,
sauf à rejoindre plus tard le prisonnier libéré, s'il lui
offre plus de garanties de bien-être.

Nous avons connu une femme qui se vantait d'avoir
eu ainsi, légalement à ses yeux, trente maris !

Les hommes sont grands et forts, très bruns ; les
femmes brunes aussi, avec d'assez nombreuses exceptions
de teint rose et de cheveux blonds qu'une physiologie
peu scrupuleuse explique suffisamment.

Parmi eux on trouve rarement des vieillards. Que
deviennent-ils ? On s'est demandé s'ils ne les suppri-
maient pas comme des êtres inutiles à la tribu.

Il est rare qu'ils fassent à l'état civil de déclaration de
décès. On a cru qu'ils incinéraient leurs morts. La ver-
sion la plus accréditée est qu'ils détournent l'un des nombreux ruisseaux qui abondent dans la montagne, et que,
dans son lit même, ils creusent la tombe sur laquelle ils
font revenir l'eau un moment détournée.

Leur industrie apparente est la fabrication des paniers,
à l'aide des osiers qu'ils dérobent ; ils tondent les chevaux et les mulets.

Se mêlant le moins possible à la population, ils s'accouplent entre eux : un Basque est déshonoré s'il épouse une bohémienne.

Une légende fort curieuse perpétuée dans le hallier de la Basse-Navarre leur fait un dogme du vol et de la rapine.

Pendant la fuite en Egypte, Joseph, fatigué par la rapidité de la marche encore plus que par le poids de l'Enfant Jésus, confia celui-ci à un voyageur qui poursuivait la même route. L'officieux voyageur, satisfaisant ses instincts de rapine, dévalisa l'enfant et le rendit presque nu à Joseph. Jésus réprimanda doucement le voleur ; mais, en considération du service qu'il venait d'en recevoir, il octroya à lui et à ses descendants le droit de prendre *cinq sols* à la fois, ou un objet d'un prix équivalent (1).

Les Gitanes.

Les bohémiens du pays basque ne sont pas les seuls représentants de ces tribus errantes d'origine orientale, probablement, que l'on rencontre dans les Pyrénées ; et les Gitanes du Roussillon, de l'Aude et de Toulouse sont très probablement leurs cousins peu éloignés.

Certaines tribus se modifient beaucoup, et les gitanes du Ravelin, ceux des Minimes à Toulouse, sont à peu près civilisés.

Mais c'est à Perpignan qu'il faut aller chercher la tribu chez laquelle se sont conservées encore les vieilles traditions.

« Sur les bords du glacis de l'avancé, on voit souvent réunis en groupes, des individus au teint enfumé, che-

(1) Adrien Planté, *Congrès de Pau*, p. 23 et s.

veux lisses, traits du visage fortement prononcés, stature
haute et élancée, vêtus d'un pantalon montant sur la poitrine, avec un gilet descendant à peine de quelques
doigts sous les aisselles, veste tout aussi courte, garnie
souvent de boutons de métal en boule suspendus à un
long chaînon,. bonnet rouge ou noir, tantôt descendant
jusqu'au milieu du dos, tantôt deux fois replié au-dessus
de la tête, et souvent coiffés d'un mouchoir plié en ban-
deau appliqué sur le front et noué par derrière ; ceinture
rouge ou noire, à laquelle sont ordinairement suspendues
des morailles, des cordes, une trousse de cuir contenant
de larges et très longs ciseaux à lame arquée d'une façon
particulière : ce sont des *gitanos*.

Un peu moins sales, un peu moins déguenillés, beaucoup moins maraudeurs que ceux des tribus errantes de
la caste, ceux de ces gitanes qu'on voit ainsi aux abords
de la ville y sont domiciliés, et ils attendent là qu'on
leur livre des mulets, des ânes ou des chiens à tondre,
fonction dont ils s'acquittent à merveille, nous dirons,
même avec goût.

Maquignons jusqu'au bout des ongles, les gitanes courent toutes les foires, trafiquent sur les bêtes de somme,
qu'ils ont le talent d'adoucir pour quelques heures si
elles sont rétives, d'exciter si elles sont lentes, de dégui-
ser si elles sont vicieuses, et ils savent admirablement
attraper les bons paysans.

L'estomac du gitane nomade ne recule devant aucun
aliment, quelque immonde qu'il soit ; il s'accommode
aussi bien de la bête exhumée que de la charogne jetée
à la voirie : c'est pour lui un mets faisandé. Réunis au
pied d'une masure, dans le creux d'un fossé, sous l'arcade

d'un pont sans eau, et oubliant là leur misère, si toutefois l'insouciance qui fait le fond de leur caractère leur
permet de la ressentir, ces tribus vagabondes font leur
halte, et chacun aussitôt se met en quête. Après leur très
modeste repas, on les voit dormir au soleil, livrer une
guerre d'extermination à la surabondante vermine qui les
couvre, et s'abandonner parfois, au son d'une mauvaise
guitare ou au simple chant d'un *fandango*, à quelqu'une
de ces danses que le jeu combiné des bras, des hanches
et des yeux rend d'un cynisme peu ordinaire, et qu'avait
signalé depuis bien des siècles un poète satirique de
Rome.

Ad terram tremula descendent clunes puellæ (1). »

A Toulouse, il existe encore deux tribus de gitanos,
mais de gitanos civilisés, qui ont abandonné le costume
national : les hommes ont adopté la blouse bleue et la
casquette ; les femmes seules ont encore dans leur toilette, peu élégante, un dernier reflet de leur origine
orientale, espagnole si l'on veut : jupons clairs à dessins criards.

Cagots.

On distinguait encore autrefois dans les Pyrénées une
race maudite, les *Cagots*, et la légende en faisait des métis des anciens envahisseurs Goths ou Sarrasins.

Mais certains auteurs ont cherché à démontrer que ces
réprouvés n'étaient autres que les descendants des Es-

(1) Henry, *Guide du Roussillon*, p. 10.

tions insalubres dans lesquelles apparaissaient les goîtreux.

Tout dernièrement, MM. Lazard et Regnaud ont cherché à démontrer que les cagots ont une origine lépreuse ; et ils appuient leur théorie sur le fait que la lèpre blanche des auteurs caractérisée par la teinte blafarde de la peau s'applique à l'état actuel d'un certain nombre de cagots ; que, chez quelques-uns de ceux-ci, l'hypertrophie des ongles est une évolution lente qui prouve qu'il s'agit d'une maladie ; enfin que la preuve la plus forte en faveur de l'origine lépreuse est l'existence des maux blancs indolores qui se développent sous les ongles des cagots.

Idiomes pyrénéens.

L'étude des idiomes pyrénéens est des plus intéressantes, mais elle est toute récente, et déjà elle a donné des résultats importants, qui tous viennent corroborer les données générales que nous avons exposées sur les peuplades primitives de nos montagnes. C'est, en somme, le seul monument un peu complet qui se soit perpétué jusqu'à nous.

Trois idiomes se partagent la région pyrénéenne : le basque, le gascon, et le languedocien.

Idiome basque. — La langue basque a de tout temps étonné et surpris les voyageurs ; et l'on a pu dire, avec quelque raison, qu'elle a, comme le bas-breton, dérangé d'honnêtes cervelles et fait dire bien des extravagances. Elle ne ressemble en effet à aucune des langues habituel-

lement connues ; elle ne rentre pas dans le cadre des
idiomes que l'on étudie d'ordinaire, et les profanes la
trouvent rebelle à toute étude systématique. Elle est cependant extrêmement logique et fort bien formée.

« Le basque est un idiome agglutinant ; il est, de plus,
partiellement incorporant et il offre des traces de polysyn-
thétisme ; il prend place, dans la série des langues de la
même espèce, entre la famille ougro-finnoise d'une part
et les familles nord-américaines de l'autre. En d'autres
termes, le système grammatical s'y réduit à une perpé-
tuelle composition à l'aide de préfixes et de suffixes qui
ont chacun une signification indépendante, souvent très
sensible encore ; il peut de cette façon exprimer en un
seul mot des idées complexes, et il sait fondre dans son
verbe les pronoms sujets et les régimes ; enfin il offre
plusieurs exemples remarquables de cette composition
syncopée que présente le français populaire : *Mam͞zelle*
pour « Mademoiselle. »

« Pour faire la grammaire du basque, il ne faut donc pas
procéder comme s'il s'agissait d'une de nos langues ana-
lytiques modernes. Il ne faut point se préoccuper des
mots isolés ; mais il faut les prendre dans les phrases du
discours, et, par la comparaison aux autres, découvrir à
la fois les racines principales, fondamentales, significa-
tives, et les *suffixes* ou *préfixes*, les racines secondaires,
expressions formelles qui servent à nuancer l'idée, l'in-
tuition, la conception, et à marquer les rapports extérieurs dont elle peut être affectée suivant le temps ou
l'espace. La décomposition des mots conduira à la reconnaissance des sons et des bruits qui constituent l'alphabet,
et aussi à l'histoire des variations de signification des

mots. L'examen général de la phrase donnera les lois
de la syntaxe (1). »

Nous ne pouvons entrer dans tous les détails que com-
porterait l'examen de l'alphabet basque, de la phonétique,
si curieuse cependant, et de la grammaire ; tout ceci de-
manderait, pour être compréhensible, des développements
hors de toutes proportions, et nous renverrons aux auteurs
spéciaux qui se sont occupés de la langue basque (2).

« Dans son état actuel, le vocabulaire basque est assez
pauvre. La plus grande partie en est formée de mots
béarnais, gascons, latins, français, espagnols, celtes même
et d'autre source ; les expressions purement originales ne
semblent pas avoir de signification abstraite. De même les
expressions générales manquent ; il n'y a pas de mot primitif pour « animal », ni pour « arbre » ; on ne dit pas non
plus sœur, mais « sœur de femme », *ahrpa*, et « sœur
d'homme », *arreba* ; le même objet, le même animal, est
appelé, suivant les localités, de noms différents ; on a
relevé, paraît-il, plus de 30 synonymes locaux de pa-
pillon (3). »

Le basque est actuellement parlé, en France, dans la
plus grande partie de l'arrondissement de Bayonne, celui
de Mauléon et dans une commune (Esquinte) de celui
d'Oloron ; en Espagne, dans presque la moitié de la Navarre, le Guipuzcoa, à peu près toute la Biscaye, et la
partie nord de l'Alava, environ 630,000 h., auxquels il
faut ajouter 220,000 émigrés en Amérique.

---

(1) Julien Vinson, *Congrès de Pau*, 384.
(2) Voir Luchaire, *Idiomes Pyr.* — Gèze, *Eléments de gramm.
basque.*
(3) Julien Vinson, *op. cit.*, p. 390.

Idiome gascon (1). — Le gascon, comme les autres langues romanes, est le bas latin ou latin populaire, prononcé avec des modifications se rapportant à la conformation physique et aux habitudes d'émission vocale de la race qui lui a donné son nom. Il faut donc que chaque mutation phonétique ait sa cause dans une particularité physiologique et qu'elle s'explique par une circonstance d'une observation possible matériellement.

Pour ne citer qu'un exemple de cette loi, il est une lettre que le Gascon ne prononce point, c'est la lettre *f*. La prononciation correcte de l'*f* suppose un effort labial contraire aux habitudes de la race. Celle-ci a préféré une aspiration. Partout où le latin a dit *f*, le gascon a dit *h*.

Ce besoin est tel qu'il est des mots pour lesquels, afin d'éviter la lettre rebelle, le Gascon, au moins dans certains cantons, émet des sons presque inintelligibles à la graphie. C'est ainsi que, dans la vallée de Campan notamment, pour dire *frère*, on dit *hray*, en prononçant cet *h* isolé, avant l'*r*.

La Gascogne a son unité linguistique absolue. Ses lois fondamentales de mutation sont partout les mêmes ; il n'y a qu'une phonétique et une syntaxe gasconnes. Mais il s'en faut que, dans une aussi vaste étendue, il n'existe des dissemblances assez profondes dans le vocabulaire. Ces dissemblances se groupent d'après le groupement ethnique lui-même et correspondent aux plus antiques divisions de l'Aquitaine.

---

(1) Nous devons au savant bibliothécaire de Tarbes, M. Labrouche, cette note sur le gascon, qui résume parfaitement ce que l'on sait aujourd'hui sur cet idiome, et qui l'envisage en même temps sous un jour tout nouveau.

1° Tout d'abord le dialecte de la montagne, qu'on peut appeler le dialecte du Comminges (on n'écrit plus Comenge, quoique cette forme soit la seule correcte), qui s'étend dans les Pyrénées depuis la limite du pays de Foix jusqu'à celle du pays basque. Le Comenge, dont l'étymologie a donné lieu à une fable empruntée à un pamphlet de saint Jérôme et sans valeur critique, est essentiellement le grand peuple gascon des Pyrénées. Il est des trois nommés par Strabon, et si ce n'est que par induction qu'on peut le supposer se prolongeant jusqu'aux confins de la Soule, il est certain qu'à l'époque romaine il comprenait Ax de Comenge, aujourd'hui Ba-gnères-de-Bigorre, à l'ouest, et absorbait, au moins comme peuple client, le Couserans, à l'est. Tous ces peuples ont un caractère commun au physique comme au moral, dans les superstitions comme dans le costume, dans la démarche comme dans les mœurs. La particularité linguistique essentielle qui différencie leur dialecte, c'est qu'ils ont conservé la tonique dans l'article, ce qui indique une prédominance ibérienne (sans insister autrement sur ce mot et le prenant pour désigner les anciens habitants de l'Espagne, qui n'étaient certainement pas des Celtes). Dans sa forme la plus pure, l'article de la montagne est *et, era,* ce qui s'explique comme suit. L'*i* de *illum* étant bref se prononçait presque *e* même en latin : il se prononce franchement *e* en gascon comme en castillan. Dans le mot *ellum,* il n'y a pas à tenir compte de la finale *um* qui s'élidait en poésie et a disparu en gascon. Reste *ell.* Le gascon ne prononce jamais l'*l* final ; s'il est simple, il se vocalise en *u* ; s'il est double, il se durcit en *t : illum* donne donc *et.* Le double *l* se modifiant en *r* s'il est dans

le corps des mots, la mutation de *illa* en *era* va de soi. —
Les formes pures se retrouvent pour l'article masculin,
dans la moitié environ du domaine commingeois, dans
toute la zone de l'ouest ; à l'est, le son s'épaissit et chuinte ;
il arrive à *etch* et *ech*. Quant à l'article féminin, il ne varie
que dans son atone dont l'*a* se déforme le plus souvent en
e ou en *o*, avec des sons infiniment proches et infiniment
variés, bien qu'on n'ait que trois lettres pour les figurer.

2° Ensuite le dialecte du littoral. Là vivait le second
grand peuple de l'Aquitaine, les Landais, appelés Tarbelles
dans l'antiquité. Ce peuple a une prédominance celtique,
et le traitement de l'article est tout autre Il a subi le sort
de l'article en français et n'est qu'un enclytique. Quand
le Gascon de la plaine prononce Illum-Caminum, il ne
prononce en réalité qu'un seul mot, de même que le Français n'en prononce qu'un aussi, donnant sans arrêt
l'émission totale Le Chemin. De même du Gascon du littoral. Par suite de cette agglutination de l'article au sub-
stantif, le mot s'est totalement transformé ; sa tonique est
tombée ; son atone est restée ; comme commencement du
mot suivant, Illum-Caminum s'est réduit à Lum-Cami-
num et a donné le son Lou-Camin, qu'on devrait ration-
nellement écrire Loucamin ou Lucamin. Cet article *lou*
différencie essentiellement le gascon de la plaine du gascon de la montagne. L'article féminin donne une démarcation plus précise encore. Le Gascon du littoral le prononce avec un *e* sourd, final, équivalent à peu près au son
d'*eu* dans *bleu*.

3° Enfin le dialecte de l'intérieur. Il s'étend de la Chalosse à la Gascogne toulousaine, et correspond au troisième grand peuple de l'Aquitaine, les Auscitains. Il se

réclame de l'article masculin *lou*, comme son voisin en latitude du littoral ; mais l'article féminin *le* des Landes fait place à l'article *la*, le même qu'en français.

Ces distinctions n'ont rien d'arbitraire. Les lignes de démarcation sont désignées avec la dernière rigueur et on peut les suivre sans hésitation d'aucune sorte de point en point, décrivant des courbes ou des sinuosités dont l'étude serait d'un puissant intérêt et qui correspondent à des poussées ou à des reculs, probablement antérieurs à la latinisation.

Il existe, au nord de la Gascogne, une zone bâtarde qui suit à peu près la ligne de la Garonne dont elle occupe les deux rives dans le Bordelais. Elle s'étend jusqu'au point où commence brusquement le Saintongeais, patois français, à l'ouest ; elle se perd jusqu'à des points difficiles à définir, vers le Périgord et le Quercy, à l'est. Cette zone n'est pas gasconne. Il lui manque les caractéristiques essentielles de la langue, ou du moins l'une d'elles. L'*f* remplace l'*h* ; et chaque temps du verbe n'est pas précédé du préfixe *que*. On peut à la rigueur admettre que l'absence du *que* laisse à quelques-uns de ces parlers une germanité avec le gascon qui en permettrait l'assimilation sous bénéfice d'inventaire ; mais dès l'instant que l'*f* a disparu, on est linguistiquement sorti des dernières terres de Gascogne.

Idiome languedocien. — Lorsqu'on quitte le Couserans pour entrer dans le comté de Foix, on s'aperçoit bien vite que, non seulement le costume, les mœurs et les habitudes, mais la langue même est toute différente. C'est le Languedoc qui succède à la Gascogne. Les rudes aspi-

rations ont disparu pour laisser la place à l'*f* latin ; le
que explétif n'est plus employé devant les verbes ; le *r*
n'est plus substitué à l'*il* au milieu des mots ; le *b* et le
ll final persistent ou se changent en *lh*, au lieu de se résoudre en *u* ou de se transformer en *t* ou en *tch*; *r* final
redevient sonore, etc. Bref, on se retrouve sur un terrain
plus classique, au milieu de patois qui diffèrent déjà
beaucoup certainement de l'ancienne langue des troubadours, mais qui s'y rattachent néanmoins par une filiation
plus directe et des liens plus étroits (1).

De tous les patois languedociens des Pyrénées, le plus
intéressant est le patois Catalan, qui se parle dans tout le
Roussillon et s'étend en Espagne dans la Catalogne tout
entière, une partie de l'Aragon, le royaume de Valence et
les Baléares.

Les caractères principaux de cet idiome sont les suivants : « la répugnance pour les diphtongues, la permu-
tation de *t* et de *d* en *u*, la fréquence du son mouillé *ll*,
même à l'initiale, la répugnance pour la résolution de *l*
en *u*, les féminins pluriels en *es*, les formes orthogra-
phiques *ny*, *ch*, pour *nh*, etc. (2). »

Le catalan parlé aujourd'hui diffère beaucoup plus
encore que le gascon du catalan des troubadours ; mais
c'était là une langue conventionnelle et littéraire, plus
voisine du roman que le catalan vulgaire.

Le catalan du Roussillon se modifie peu à peu en remontant vers l'Espagne, et de l'autre côté des Pyrénées
il a un bien plus grand nombre de traits communs avec
l'espagnol : l'*a* remplace l'*e*, l'*ou* se substitue à l'*o*, etc.

FIN.

(1) Luchaire, *loc. cit*, p. 330.
(2) *Ibid.*, p. 348.

TABLE DES MATIÈRES

FIN DE LA TABLE DES MATIÈRES

Table alphabétique :

TABLE ALPHABÉTIQUE

FIN DE LA TABLE ALPHABÉTIQUE.

BIBLIOTHÈQUE SCIENTIFIQUE CONTEMPORAINE

Nouvelle collection de volumes in-16 comprenant 300 à 400 pages, illustrés de figures

PHILOSOPHIE DES SCIENCES

COMTE (Auguste) et LITTRÉ (de l'Institut). **Principes de philosophie positive.** In-16.. 3 fr. 50
HUXLEY. **Les sciences naturelles et l'éducation,** par Th. Huxley, membre de la Société royale de Londres. In-16 de 320 p........................ 3 fr. 50
-- **L'origine des espèces et l'évolution.** In-16 de 320 p.............. 3 fr. 50
— **Science et religion.** In-16 de 320 p................................ 3 fr. 50
PLYTOFF (G.). **Les sciences occultes.** Divination, Calcul des probabilités, Oracles et Sorts, Graphologie, Chiromancie, Phrénologie, Physiognomonie, Cryptographie, etc. In-16 avec 150 figures.................................. 3 fr. 50
— **La magie,** les lois occultes, la théosophie, l'initiation, le magnétisme, le spiritisme, la sorcellerie, le sabbat, l'alchimie, la cabale, l'astrologie. In-16, 80 fig... 3 fr. 50

ASTRONOMIE ET MÉTÉOROLOGIE

DALLET (G.). **Les merveilles du ciel,** par G. Dallet. In-16 de 372 p., avec 74 fig... 3 fr. 50
— **La prévision du temps et les prédictions météorologiques.** In-16, avec 30 fig.. 3 fr. 50
PLANTÉ (G.). **Phénomènes électriques de l'atmosphère.** In-16 de 333 p., avec 50 fig... 3 fr. 50

PHYSIQUE

BRUCKE et SCHUTZENBERGER (de l'Institut). **Les couleurs, au point de vue physique, physiologique, artistique et industriel.** In-16 de 344 p., av. 46 fig. 3 fr. 50
CHARPENTIER (A.). **La lumière et les couleurs, au point de vue physiologique.** In-16 de 352 p., avec 46 fig................................ 3 fr. 50
COUVREUR (E.). **Le microscope et ses applications à l'étude des animaux et des végétaux.** In-16 de 350 p., avec 112 fig........................ 3 fr. 50
IMBERT. **Les anomalies de la vision,** par Imbert, professeur à la Faculté de médecine de Montpellier. In-16 de 365 p., avec 48 fig................ 3 fr. 50

CHIMIE

CAZENEUVE. **La coloration des vins par les couleurs de la houille.** In-16 de 316 p.. 3 fr. 50
DUCLAUX (de l'Institut). **Le lait,** études chimiques et microbiologiques, par Duclaux, professeur à la Faculté des sciences de Paris. In-16 de 335 p., avec fig. 3 fr. 50
GARNIER (L.). **Ferments et fermentations,** étude biologique des ferments, rôle des fermentations dans la nature et dans l'industrie. In-16 de 318 p., av. 65 fig. 3 fr. 50
SAPORTA (A. de). **Les théories et les notations de la chimie moderne,** par A. de Saporta. Introduction par C. Friedel, membre de l'Institut. In-16 de 336 p.. 3 fr. 50

ART MILITAIRE ET NAVAL

FOLIN (de). **Bateaux et Navires,** les embarcations de pêche, les transports, les navires de commerce et de guerre, les flotteurs de plaisance, les flotteurs sous-marins. In-16 de 328 p., avec 132 fig............................... 3 fr. 50
GUN (le colonel). **L'électricité appliquée à l'art militaire,** par le colonel Gun. In-16 de 380 p., avec 148 fig.................................. 3 fr. 50
— **L'artillerie actuelle,** canons, poudres, fusils et projectiles. In-16 de 316 p., avec 96 fig.. 3 fr. 50

INDUSTRIE

BOUANT (E.). **La galvanoplastie,** le nickelage, l'argenture, la dorure et l'électro-métallurgie. In-16 de 308 p., avec 34 fig........................... 3 fr. 50

GRAFFIGNY (H. DE). **La navigation aérienne** et les ballons dirigeables. In-16 de 344 p., avec 44 fig... 3 fr. 50

LEFÈVRE (JULIEN). **La photographie** et ses applications aux sciences, aux arts et à l'industrie, par JULIEN LEFÈVRE, professeur à l'Ecole des sciences de Nantes. In-16, de 381 p., avec 95 fig................................... 3 fr. 50

MONTILLOT (L.). **La télégraphie actuelle** en France et à l'étranger, lignes, réseaux, appareils, téléphones, par MONTILLOT, directeur de télégraphie militaire. In-16 de 334 p., avec 131 fig.. 3 fr. 50

— **La lumière électrique,** générateurs, foyers, distribution, applications. In-16 de 408 p., avec 190 fig... 3 fr. 50

SCHŒLLER. **Les chemins de fer,** par H. SCHŒLLER, inspecteur de l'exploitation du Chemin de fer du Nord. In-16 de 320 p., avec 80 fig.............. 3 fr. 50

AGRICULTURE

FERRY DE LA BELLONE. **La truffe.** Étude sur les truffes et les truffières. In-16 de 312 p., avec 21 fig.. 3 fr. 50

GIRARD. **Les abeilles,** organes et fonctions, éducation et produits, miel et cire. In-16 de 320 p., avec 85 fig... 3 fr. 50

HERPIN. **La vigne et le raisin,** histoire botanique et chimique, effets physiologiques et thérapeutiques. In-16 de 362 p............................... 3 fr. 50

LARBALETRIER (A.). **L'alcool,** au point de vue chimique, agricole, industriel, hygiénique et fiscal. In-16 de 312 p., avec 62 fig..................... 3 fr. 50

BOTANIQUE

ACLOQUE (A.). **Les Champignons,** au point de vue biologique, économique et taxonomique. In-16 de 320 p., avec 60 fig............................... 3 fr. 50

— **Les Lichens.** Anatomie, physiologie et morphologie. In-16 de 376 p., avec 82 fig... 3 fr. 50

LOVERDO. **Les maladies cryptogamiques des céréales.** In-16 avec 50 fig. 3 fr. 50

VILMORIN (PH. DE). **Les Fleurs à Paris,** culture et commerce. 1892, in-16 de 350 p., avec 150 fig... 3 fr. 50

VUILLEMIN. **La biologie végétale.** In-16 de 380 p., avec 82 fig........ 3 fr. 50

GÉOGRAPHIE PHYSIQUE

BLEICHER. **Les Vosges,** le sol et les habitants, par G. BLEICHER, professeur d'histoire naturelle à l'Ecole de Nancy. In-16 de 320 p., avec 28 fig.... 3 fr. 50

FALSAN (ALBERT). **Les Alpes françaises,** les montagnes, les eaux, les glaciers, les phénomènes de l'atmosphère. In-16 de 290 p., avec fig............. 3 fr. 50

— **Les Alpes françaises,** la flore et la faune. In-16 de 300 p., avec fig. 3 fr. 50

TROUESSART. **Au bord de la mer,** les dunes et les falaises, les animaux et les plantes des côtes de France. In-16 de 350 p., avec 100 fig.......... 3 fr. 50

MINÉRALOGIE ET GÉOLOGIE

FOUQUÉ (de l'Institut). **Les tremblements de terre,** par FOUQUÉ, professeur au Collège de France. In-16 de 328 p., avec 44 fig..................... 3 fr. 50

KNAB (L.). **Les minéraux utiles et l'exploitation des mines,** par KNAB, répétiteur à l'Ecole centrale des arts et manufactures. In-16 de 392 p., avec fig... 3 fr. 50

PALÉONTOLOGIE

GAUDRY (de l'Institut). **Les ancêtres de nos animaux,** dans les temps géologiques. In-16 de 300 p., avec 49 fig............................... 3 fr. 50

HUXLEY. **Les problèmes de la géologie et de la paléontologie.** In-12 de 320 p., avec 34 fig... 3 fr. 50

ENVOI FRANCO CONTRE UN MANDAT POSTAL

PRIEM. **L'évolution des formes animales avant l'apparition de l'homme,** par F. PRIEM, agrégé des sciences naturelles. In-16 de 380 p., avec 175 fig. 3 fr. 50

RENAULT (B.). **Les plantes fossiles,** par B. RENAULT, assistant au Muséum d'histoire naturelle. In-16 de 400 p., avec 53 fig.... .... 3 fr. 50

SAPORTA (G. DE). **Origine paléontologique des arbres cultivés ou utilisés par l'homme,** par G. DE SAPORTA, correspondant de l'Institut. In-16 de 360 p....... .... 3 fr. 50

ANTHROPOLOGIE ET ARCHÉOLOGIE

BAYE (J. DE). **L'archéologie préhistorique,** par le baron J. DE BAYE. In-16 de 340 p., avec 51 fig.. 3 fr. 50

COTTEAU (G.). **Le préhistorique en Europe,** congrès, musées, excursions. In-16 de 313 p., avec 87 fig.............................. 3 fr. 50

DEBIERRE. **L'homme avant l'histoire.** In-16 de 304 p., avec 84 fig.. 3 fr. 50

HUXLEY. **La place de l'homme dans la nature.** In-16 de 320 p., avec 84 fig..... .... 3 fr. 50

LORET. **L'Égypte au temps des Pharaons,** la vie, la science et l'art, par LORET, maître de conférences à la Faculté de Lyon. In-16 de 316 p., avec 18 pl... 3 fr. 50

QUATREFAGES (de l'Institut). **Les Pygmées.** Les pygmées des anciens d'après la science moderne, les Négritos ou pygmées asiatiques, les Négrilles ou pygmées africains, les Hottentots et Boschimans. In-16 de 350 p., avec 31 fig... 3 fr. 50

SICARD (H.). **L'évolution sexuelle dans l'espèce humaine,** par le Dr H. SICARD, doyen de la Faculté des sciences de Lyon. In-16 de 320 p., avec 94 fig. 3 fr. 50

ZOOLOGIE

CHATIN (J.) **La cellule animale, sa structure et sa vie,** étude biologique et pratique, par J. CHATIN, professeur à la Faculté des sciences de Paris. In-16, 304 p., avec 149 fig... 3 fr. 50

DOLLO. **La vie au sein des mers,** par L. DOLLO, aide-naturaliste au Musée d'histoire naturelle de Bruxelles. In-16 de 304 p., avec 47 fig......... 3 fr. 50

FOLIN (DE). **Sous les mers.** Campagnes d'explorations du *Travailleur* et du *Talisman.* In-16 de 340 p., avec 45 fig..................................... 3 fr. 50

— **Chasses et Pêches zoologiques.** In-16 de 320 p., avec 100 fig...... 3 fr. 50

FOVEAU DE COURMELLES. **Les facultés mentales des animaux.** In-16 de 350 p., avec fig.. 3 fr. 50

FRÉDÉRICQ (L.). **La lutte pour l'existence chez les animaux marins,** par L. FRÉDÉRICQ, professeur à l'Université de Liège. In-16 de 303 p., avec 37 fig. 3 fr. 50

GADEAU DE KERVILLE. **Les animaux et les végétaux lumineux.** In-16 de 327 p., avec 49 fig .... 3 fr. 50

GIROD. **Les sociétés chez les animaux,** par P. GIROD, professeur à la Faculté des sciences de Clermont-Ferrand. In-16 de 320 p., avec 50 fig.... ... 3 fr. 50

HAMONVILLE (D.) **La vie des oiseaux.** In-16 de 400 p., avec 17 pl... 3 fr. 50

HOUSSAY (FRÉD.). **Les industries des animaux,** par F. HOUSSAY, maître de conférences à l'École normale supérieure. In-16 de 312 p., avec 38 fig.. 3 fr. 50

HUXLEY. **Les problèmes de la biologie.** in-16.................... 3 fr. 50

JOURDAN (ET.). **Les sens chez les animaux inférieurs,** par Et. JOURDAN, professeur à la Faculté des sciences de Marseille. In-16 de 314 p., av. 48 fig. 3 fr. 50

LOCARD (A.). **Les huîtres et les mollusques comestibles,** moules, prairies, clovisses, escargots, etc. Histoire naturelle, culture industrielle, hygiène alimentaire. In-16 de 350 p., avec 97 fig.............................. 3 fr. 50

MONIEZ (L.). **Les parasites de l'homme** (animaux et végétaux), par R.-L. MONIEZ, prof. à la Faculté de médecine de Lille. In-16 de 307 p., av. 72 fig. 3 fr. 50

PERRIER (ED.). **Le transformisme,** par ED. PERRIER, professeur au Muséum. In-16 de 344 p., 88 fig.. 3 fr. 50

TROUESSART. **La géographie zoologique.** In-16 de 350 p., avec 100 fig. **3 fr. 50**

PHYSIOLOGIE

BEAUNIS (H.). **L'évolution du système nerveux.** In-16 de 320 p., 237 fig. 3 fr. 50

BERNARD (Cl.). **La science expérimentale.** In-16 de 449 p., av. 19 fig. 3 fr. 50

BOUCHUT (E.). **La vie et ses attributs, dans leurs rapports avec la philosophie et la médecine.** In-16 de 444 p. .... 3 fr. 50

COUVREUR. **Les merveilles du corps humain,** structure et fonctions. In-16, avec 100 fig. .... 3 fr. 50

DUVAL (MATHIAS). **La technique microscopique et histologique.** Introduction pratique à l'anatomie générale. In-16 de 313 p., avec 43 fig. .... 3 fr. 5

GREHANT. **Les poisons de l'air,** l'acide carbonique et l'oxyde de carbore asphyxies et empoisonnements, par N. GREHANT, assistant au Muséum. In-16 de 320 p., avec fig. .... 3 fr. 50

MÉDECINE

BOUCHARD (CH.) (de l'Institut). **Les microbes pathogènes,** par Ch. BOUCHARD, professeur à la Faculté de médecine de Paris. In-16 de 304 p. .... 3 fr. 50

BROUARDEL. **Le secret médical.** Honoraires, mariage, assurances sur la vie, déclaration de naissance, expertise, témoignage, etc., par P. BROUARDEL, doyen de la Faculté de médecine de Paris. In-16 de 300 p. .... 3 fr. 50

CULLERRE. **Les frontières de la folie.** In-16 de 360 p. .... 3 fr. 50

GARNIER (P.). **La folie à Paris,** par P. GARNIER, médecin en chef de l'infirmerie du Dépôt de la Préfecture de police. In-16 de 415 p. .... 3 fr. 50

GUÉRIN (A.). **Les pansements modernes,** le pansement ouaté et ses applications à la thérapeutique chirurgicale. par A. GUÉRIN, membre de l'Académie de médecine. In-16 de 302 p., avec fig. .... 3 fr. 50

GUIMBAIL. **Les morphinomanes.** Désordres physiques et troubles de l'intelligence, médecine légale, traitement. 1891, in-16 de 320 p. .... 3 fr. 50

MOREAU (P., de Tours). **La folie chez les enfants.** In-16 de 444 p. ..... 3 fr. 50

REVEILLE-PARISE. **La goutte et les rhumatismes.** In-16 de 306 p. 3 fr. 50

RIANT. **Les irresponsables devant la justice,** par le Dr A. RIANT. In-16 de 304 pages. .... 3 fr. 50

SCHMITT. **Microbes et maladies,** par J. SCHMITT, professeur à la Faculté de médecine de Nancy. In-16 de 300 p., 24 fig. .... 3 fr. 50

PSYCHOLOGIE PHYSIOLOGIQUE

AZAM. **Hypnotisme, double conscience et altérations de la personnalité,** par le Dr AZAM, professeur à la Faculté de Bordeaux. Préface par le professeur CHARCOT, de l'Institut. In-16. .... 3 fr. 50

BEAUNIS (H.). **Le somnambulisme provoqué,** études physiologiques et psychologiques, par H. BEAUNIS, professeur à la Faculté de Nancy. In-16. . 3 fr. 50

BOURRU et BUROT. **La suggestion mentale et l'action à distance des substances toxiques et médicamenteuses,** par BOURRU et BUROT, professeurs à l'École de Rochefort. In-16 de 312 p., avec 10 pl .... 3 fr. 50

— **Variations de la personnalité.** In-16 de 316 p., avec 15 pl .... 3 fr. 50

CULLERRE (A.). **La thérapeutique suggestive et ses applications aux maladies nerveuses et mentales,** à la chirurgie, à l'obstétrique et à la pédagogie. In 16 de 318 pages. .... 3 fr. 50

— **Magnétisme et Hypnotisme.** Exposé des phénomènes observés pendant le sommeil nerveux provoqué, au point de vue clinique, psychologique, thérapeutique et médico-légal. In-16 de 358 p., 28 fig. .... 3 fr. 50

FRANCOTTE. **L'anthropologie criminelle,** par X. FRANCOTTE, professeur à l'Université de Liège. In-16 de 320 p., avec 50 fig. .... 3 fr. 50

HERZEN. **Le cerveau et l'activité cérébrale,** au point de vue psycho-physiologique, par A. HERZEN, prof. à l'Académie de Lausanne. In-16 de 312 p. 3 fr. 50

LELUT (de l'Institut). **Le génie, la raison et la folie,** le démon de Socrate, application de la science psychologique à l'histoire. In-16 de 318 p. ..... 3 fr. 50

Imprimé en France
FROC020959220120
23239FR00016B/202/P